Bau und Berechnung der Dampfturbinen

Eine kurze Einführung

von

Dipl.-Ing. Franz Seufert

Oberingenieur für Wärmewirtschaft

Dritte, verbesserte Auflage

Mit 77 Abbildungen im Text
und auf 2 Tafeln

Berlin
Verlag von Julius Springer
1929

ISBN-13:978-3-642-90403-5   e-ISBN-13:978-3-642-92260-2

DOI: 10.1007/978-3-642-92260-2

Berlin
Verlag von Julius Springer

1929

Vorwort zur ersten Auflage.

Mit diesem Werkchen wollte ich dem Lernenden eine Grundlage für das Verständnis der Wirkungsweise der Dampfturbinen geben und den künftigen Dampfturbinenkonstrukteur für das Studium umfassender Werke, wie Stodola, Pohlhausen usw., vorbereiten. Der Schwierigkeiten wohl bewußt, auf kleinem Raum das Wesentliche zu bringen, mußte ich einerseits manche Vernachlässigung begehen und auf eingehende Behandlung wichtiger Theorien verzichten, andererseits aber manche Vorgänge, die nach Formeln nicht ohne weiteres verständlich sind, durch Zahlenbeispiele näher erläutern. Die Berechnung der Laufradscheiben, obwohl sie etwas verwickelt ist, glaubte ich nicht weglassen zu dürfen, dagegen habe ich die beschreibenden Teile nach Möglichkeit abgekürzt. Aus diesem Grunde habe ich die Ausführungen von nur einigen wenigen Firmen gebracht, denen ich für die Überlassung der Abbildungen auch an dieser Stelle meinen besonderen Dank zum Ausdruck bringe.

Stettin 1919.

Seufert.

Vorwort zur dritten Auflage.

Dem schnellen Fortschritt des Dampfturbinenbaues in den letzten Jahren und verschiedenen Anregungen der Kritik folgend, habe ich diesmal das Werkchen wesentlich erweitert und an vielen Stellen ganz umgearbeitet. Besonders auf die Aufnahme einer Anzahl von Einzelteilen der Ausführungen verschiedener Firmen habe ich Wert gelegt, obwohl eine zweckmäßige Auswahl wegen der Fülle des mir überlassenen Materials nicht leicht zu treffen war.

Den Firmen, die mich durch Zusendung von Zeichnungen, Beschreibungen und Bildstöcken außerordentlich reichlich unterstützt haben, spreche ich auch an dieser Stelle meinen verbindlichsten Dank aus.

Homberg (Niederrhein), im Mai 1929.

Seufert.

Inhaltsverzeichnis.

Erster Teil.
Wirkungsweise der Dampfturbinen.

Seite

I. Allgemeines 1
II. Wirkung des Dampfes auf die Laufradschaufel 3
III. Unterschied zwischen Gleichdruck- und Überdruckturbine . . . 4
IV. Mehrstufige Turbinen 5
    a) Überdruckturbine mit Druckstufen 7. — b) Gleichdruckturbine mit Druckstufen 9. — c) Gleichdruckturbine mit Geschwindigkeitsstufen 10.
    Übersicht über die Turbinenbauarten 13

Zweiter Teil.
Aufbau der Dampfturbinen.

I. Allgemeines 16
II. Hauptteile 18
    a) Welle und Laufzeug 18. — b) Gehäuse mit Leitapparaten und Stopfbüchsen 22. — c) Lager 30. — d) Regelung 33. — e) Ölpumpen 46. — f) Kondensation 46.

Dritter Teil.
Berechnung der Dampfturbinen.

I. Formeln aus der Wärmelehre des Wasserdampfes 46
II. Die Lavalsche Düse 48
    a) Ohne Berücksichtigung der Dampfreibung 48. — b) Mit Berücksichtigung der Dampfreibung 53.
III. Energie-Umsatz im Laufrad 55
    a) Verluste 56. — b) Innerer Wirkungsgrad 57. — c) Effektiver Wirkungsgrad und Dampfverbrauch 60. — d) Berechnung der einstufigen Gleichdruckturbine 61. — e) Berechnung der Gleichdruckturbine mit Geschwindigkeitsstufung 64. — f) Berechnung der Gleichdruckturbine mit Druckstufen ohne Geschwindigkeitsstufung 67. — g) Berechnung der Gleichdruckturbine mit Druckstufen und vorgeschaltetem Geschwindigkeitsrad 72. — h) Berechnung der mehrstufigen Überdruckturbine mit vorgeschaltetem Geschwindigkeitsrad 73.

Vierter Teil.
Berechnung wichtiger Einzelteile.

I. Welle 78
II. Laufrad 82

Fünfter Teil.
Turbinen für besondere Zwecke.

I. Abdampfturbinen 93
II. Gegendruckturbinen 94
III. Schiffsturbinen 97

Erster Teil

Wirkungsweise der Dampfturbinen.

I. Allgemeines.

In den **Kolbenmaschinen** gibt der Dampf sein Arbeitsvermögen dadurch ab, daß er infolge seines Überdruckes einen Kolben hin und her bewegt, der durch ein Kurbelgetriebe die Arbeit auf eine umlaufende Welle überträgt. Die potentielle Energie des Dampfes, vermindert um die unterwegs durch Reibung der Getriebeteile, Kondensation und Abwärme entstehenden Verluste, erscheint als lebendige Energie an der Kurbelwelle. In den **Dampfturbinen** dagegen wird dem Dampf lebendige Energie unmittelbar entzogen und durch ein Schaufelrad auf eine Welle übertragen. Der Grundgedanke einer Dampfturbine von einfachster Form ist in Abb. 1 dargestellt. Auf dem Umfang einer Scheibe sitzen radial stehende, gebogene Schaufeln; die Abwicklung des Schaufelkranzes zeigt der Grundriß. Ein Dampfstrahl strömt aus einem feststehenden Leitapparat mit der Geschwindigkeit c unter dem Winkel α seitlich gegen den Radkranz. Durch die Biegung der Schaufeln wird der Dampf gezwungen, seine Geschwindigkeit nach Richtung und Größe zu ändern und dadurch an das Laufrad **den** Teil seiner lebendigen Energie abzugeben, welcher der Änderung der Größe seiner Geschwindigkeit entspricht, natürlich abzüglich der Reibungsverluste.

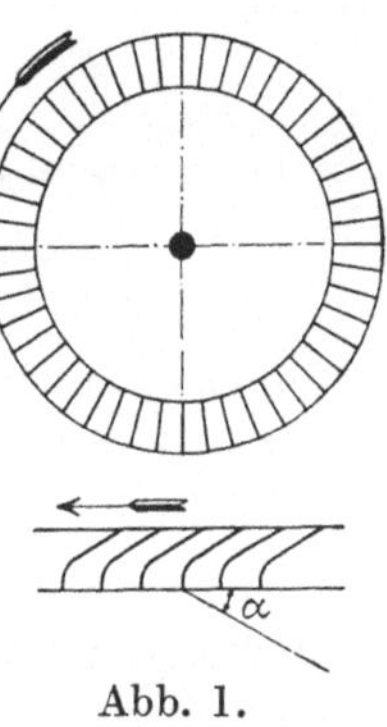

Abb. 1.

Bezeichnet man mit

i den Wärmeinhalt von 1 kg Dampf,

$$\frac{1}{A} = 427 \text{ mkg das mechanische Wärmeäquivalent,}$$

dann könnte 1 kg Dampf eine theoretische Arbeit von

$$L = \frac{i}{A} = 427\, i \text{ mkg}$$

leisten.

Beispiel: Die theoretische Arbeit von 1 kg Sattdampf von 11 at Überdruck ist für
$$i = 668 \text{ WE},$$
$$L = 427 \cdot 668 \backsim 285\,000 \text{ mkg};$$
also für eine sekundliche Dampfmenge von 1 kg

$$N = \frac{L}{75} = \frac{285\,000}{75} = 3800 \text{ PS}.$$

Die wirklich erreichbare Leistung ist wegen der Verluste viel kleiner.

Würde der Dampf reibungslos mit der Geschwindigkeit c in das absolute Vakuum ausströmen, dann würde sich sein gesamtes Arbeitsvermögen in lebendige Energie umsetzen; die lebendige Energie von 1 kg Dampf würde also

$$L = \frac{1}{g} \cdot \frac{c^2}{2}$$

sein, welcher Wert mit der aus dem Wärmeinhalt oben berechneten Arbeit

$$L = \frac{i}{A}$$

übereinstimmen müßte. Durch Gleichsetzung der beiden Werte für L

$$\frac{1}{g} \cdot \frac{c^2}{2} = \frac{i}{A}$$

ergibt sich eine Gleichung zur Berechnung der **theoretischen Ausströmgeschwindigkeit** c aus dem Leitapparat; also

$$c = \sqrt{\frac{2\,g\,i}{A}}.$$

Beispiel: Für das obige Beispiel wird
$$c = \sqrt{2 \cdot 9{,}81 \cdot 668 \cdot 427} = 2370 \text{ m/sek}.$$
Praktisch wird, wie später gezeigt wird, c viel kleiner, weil der Dampf nicht in das absolute Vakuum ausströmt und Reibungsverluste erfährt.

Bezeichnet man die absolute Eintrittsgeschwindigkeit des Dampfes in das Laufrad, die mit der Ausströmgeschwindigkeit aus dem Leitapparat identisch ist, mit c_1 und die absolute Austrittsgeschwindigkeit aus dem Laufrad mit c_2, dann ist

$$L_1 = \frac{1}{g} \cdot \frac{c_1^2}{2}$$ die lebendige Energie von 1 kg Dampf **vor** dem Eintritt in das Laufrad,

$$L_2 = \frac{1}{g} \cdot \frac{c_2^2}{2}$$ die lebendige Energie, die 1 kg Dampf beim Verlassen des Laufrades noch besitzt.

Demnach gibt 1 kg Dampf die Arbeit

$$L = L_1 - L_2 = \frac{c_1^2 - c_2^2}{2\,g}$$

an das Laufrad ab.

Beispiel: Es sei die wirkliche Eintrittsgeschwindigkeit

$$c_1 = 1000 \text{ m/sek},$$

ferner $\qquad\qquad c_2 = \quad 200 \text{ m/sek};$

dann ist $\qquad\qquad L = \dfrac{1000^2 - 200^2}{2 \cdot 9{,}81} \backsim 49\,000 \text{ mkg}.$

Strömt sekundlich 1 kg Dampf in die Turbine, dann ist ihre Leistung

$$N = \frac{49\,000}{75} = 653 \text{ PS}$$

und der stündliche Dampfverbrauch für 1 PS

$$D = \frac{1 \cdot 3600}{N} = \frac{3600}{653} = 5{,}5 \text{ kg}.$$

II. Wirkung des Dampfes auf die Laufradschaufel.

Diese geht in ihrer einfachsten Weise aus Abb. 2 hervor.

Die absolute Geschwindigkeit des unter dem Winkel α_1 gegen die Laufradebene eintretenden Dampfes sei c_1, die Umfangsgeschwindigkeit des Schaufelkranzes u. Durch Zeichnen eines Parallelogramms ergibt sich die relative Dampfeintrittsgeschwindigkeit w_1. Soll der Dampf ohne Stoß auf die Schaufel eintreten, dann muß die Schaufel so gebogen sein, daß die Richtung w_1 Tangente an dem Schaufelanfang wird (Winkel β_1). Der Sicherheit wegen macht man β_1 etwas größer als dieser Vorschrift entspricht, damit der Dampfstrahl bestimmt in die Hohlseite der Schaufel und nicht auf den Rücken der Schaufel trifft; letztere Erscheinung würde bremsend wirken. Der Dampf gleitet an der Schaufelfläche entlang mit der Relativgeschwindigkeit w_1, die sich wegen der Reibung des Dampfes an der Schaufel um einen geringen Betrag auf w_2 vermindert. Zeichnet man an der Dampf-Austrittsstelle mit den Seiten w_2 und u ein Parallelogramm, dann ergibt sich als Diagonale die absolute Austrittsgeschwindigkeit c_2 des Dampfes. Durch entsprechende Wahl des Austrittswinkels β_2 läßt sich c_2 ziemlich beliebig einrichten.

Aus Abb. 2 geht außerdem hervor:

a) Der Verlauf des Dampfdruckes p. Im Leitapparat expandiert der Dampf vom Kesseldruck p_1 auf Kondensatordruck p_2 und durchströmt die Schaufelzelle mit dem unveränderten Druck p_2.

b) Der Verlauf der absoluten Dampfgeschwindigkeit c. Diese wächst im Leitapparat von $c = o$ auf c_1 und nimmt im Schaufelkranz auf c_2 ab.

c) Der Verlauf der relativen Dampfgeschwindigkeit w, die von w_1 auf w_2 abnimmt (-------). Ohne Reibung wäre (in der Gleichdruckturbine) $w_1 = w_2$.

III. Unterschied zwischen Gleichdruck- und Überdruckturbine[1]).

Bisher war vorausgesetzt, daß der Dampf schon im Leitapparat bis auf den Kondensatordruck expandiert, also mit der größten, überhaupt möglichen Geschwindigkeit in das Laufrad eintritt. In der mechanischen Wärmetheorie[2]) wird bewiesen, daß die Strömungsgeschwindigkeit c von dem Verhältnis $p_1 : p_2$ der Dampfdrücke vor und hinter dem Leitapparat abhängt und daß c seinen größten Wert für ein bestimmtes Druckverhältnis erreicht, das für

$$\text{trocken gesättigten Dampf } \frac{p_1}{p_2} = 0,577\,,$$

$$\text{Heißdampf } \frac{p_1}{p_2} = 0,545$$

beträgt.

Dieses Verhältnis wird **kritisches Druckverhältnis** und die zugehörige Geschwindigkeit **kritische Geschwindigkeit** genannt.

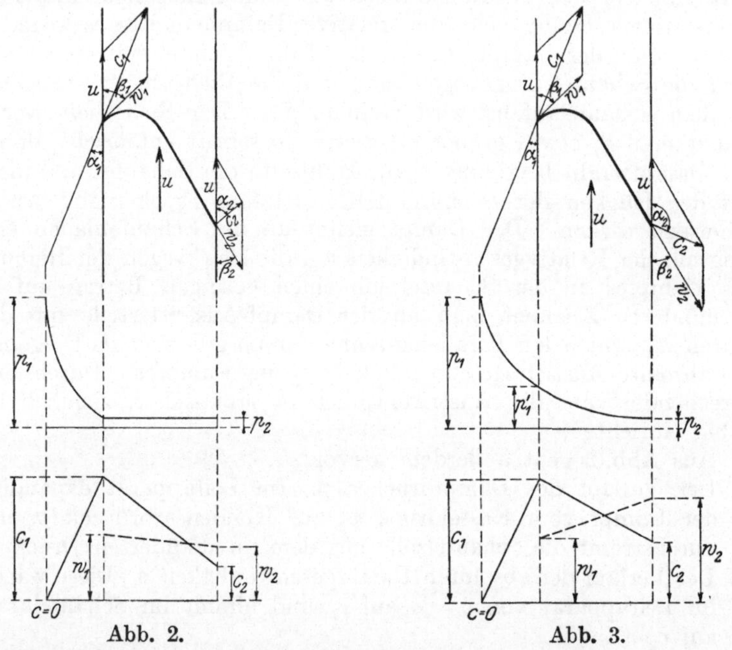

Abb. 2.   Abb. 3.

---

[1]) Früher auch Aktions- und Reaktionsturbine genannt.
[2]) S. a. des Verfassers „Technische Wärmelehre der Gase und Dämpfe",
3. Aufl. Berlin: Julius Springer 1923.

Ist z. B. $p_1 = 12$ ata, dann ist für Sattdampf der zugehörige kritische Druck $p_2 = 0{,}577 \cdot 12 = 6{,}9$ ata. Sinkt der Expansionsenddruck unter 6,9 ata, dann nimmt die Ausströmgeschwindigkeit nicht mehr zu, sondern bleibt dieselbe wie für 6,9 ata. Sie hat jedoch noch nicht den für das neue Druckverhältnis aus dem Wärmegefäll sich ergebenden Wert erreicht. **Die Erreichung der vollen Geschwindigkeit ist nur dann möglich, wenn der Leitapparat die Form einer Düse erhält, deren Querschnitt sich senkrecht zur Strömungsrichtung allmählich in bestimmter Weise erweitert (Lavalsche Düse)** [1]. Damit ist es möglich, den Dampf im Leitapparat auf Kondensatordruck expandieren und mit der vollen, dem gesamten Druckunterschied entsprechenden Geschwindigkeit in das Laufrad einströmen zu lassen; in letzterem erfährt der Dampf keine weitere Druckverminderung mehr, wie aus Abb. 2 hervorgeht. **Der Druck vor dem Laufrad ist also derselbe wie hinter dem Laufrad.** Eine derartige Turbine nennt man **Gleichdruckturbine** zum Unterschied gegenüber der **Überdruckturbine.** Bei dieser expandiert der Dampf nicht nur im Leitapparat, sondern auch in den Schaufelzellen des Laufrades; er tritt z. B. mit $p_1 = 12$ ata in die Leitkanäle ein, expandiert darin bis auf $p_2 = 2$ ata, tritt mit dieser Spannung in das Laufrad ein und expandiert beim Durchströmen der Laufradkanäle auf Kondensatordruck, z. B. 70 cm Vakuum $= 0{,}08$ ata (bei 760 mm Barometerstand). In diesem Falle ist **also der Druck vor dem Laufrad größer als hinter** demselben. Der Dampf hat deshalb das Bestreben, das Laufrad in Richtung der Welle zu verschieben (Axialschub). Aus diesem Grunde muß eine Überdruckturbine besondere Einrichtungen zur Aufnahme dieses Axialschubes erhalten. Die Druck- und Geschwindigkeitsveränderungen ergeben sich aus Abb. 3. Der Dampf strömt mit der dem Druckverhältnis $p_1 : p_1'$ entsprechenden absoluten Geschwindigkeit c_1 in das Laufrad. Die Schaufel setzt wie bei Abb. 2 wieder tangential an die Relativgeschwindigkeit w_1 an. Im Laufradkanal expandiert der Dampf von p_1' auf den Kondensatordruck p_2 und die Relativgeschwindigkeit nimmt von w_1 auf w_2 zu, während die absolute Dampfgeschwindigkeit wieder von c_1 auf c_2 abnimmt, wie aus dem Austrittsparallelogramm hervorgeht.

IV. Mehrstufige Turbinen.

Die bisher betrachtete Gleichdruckturbine war eine einstufige Lavalsche Turbine, während die Überdruckturbine in dieser ein-

---

[1] Näheres siehe: Dritter Teil.

fachsten Form nicht ausgeführt wird. Auch die einstufige Laval-
turbine eignet sich nur für kleinere Leistungen, wie aus folgender
Überlegung hervorgeht:

Im dritten Teil wird dargelegt, daß eine einstufige Gleichdruckturbine am günstigsten arbeitet, wenn die Umfangsgeschwindigkeit des Laufrades etwa $^1/_2$ bis $^1/_3$ der absoluten Dampfeintrittsgeschwindigkeit beträgt.

Nimmt man im letzten Beispiel mit $c = 1000$ m/sek die Umfangsgeschwindigkeit

$$u = 400 \text{ m/sek}$$

und den Durchmesser des Laufrades der Reihe nach zu

$$d = \quad 0{,}5 \text{ m} \quad 1{,}0 \text{ m} \quad 1{,}5 \text{ m} \quad 2{,}0 \text{ m} \quad 2{,}5 \text{ m} \quad 3{,}0 \text{ m}$$

an, so ergibt sich aus

$$u = \frac{d \, \pi \, n}{60}$$

die minutliche Drehzahl zu

$$n = 15\,300 \quad 7650 \quad 5100 \quad 3825 \quad 3060 \quad 2550.$$

Also werden bei kleineren Durchmessern die Drehzahlen so
groß, daß sie nur mit Zwischenschaltung eines Zahnräderpaares
praktisch verwendbar sind; will man dagegen mit den üblichen,
etwa 3000/Min. betragenden Drehzahlen arbeiten, so ergeben sich
so große Raddurchmesser, daß sie wegen der Fliehkraftwirkung
unausführbar werden. Aus diesem Grunde werden größere Turbinen
stets mehrstufig gebaut. Dem Dampf wird seine Energie stufen-
weise entzogen. Dadurch erzielt man in jeder Stufe verhältnismäßig kleine Geschwindigkeitsunterschiede zwischen Dampfein- und
austritt und damit auch bei sehr großen Leistungen praktisch unmittelbar brauchbare Umdrehungszahlen. Letztere richten sich
nach der Art der anzutreibenden Maschine (Dynamo, umlaufende
Luft- oder Wasserpumpe usw.) und betragen zwischen 1500 und
3000/Min.

Man kann folgende Grundarten der Stufenbildung unterscheiden:

a) die mehrstufige Überdruckturbine mit Druckstufen (**Parsons-
turbine**),

b) die mehrstufige Gleichdruckturbine mit Druckstufen (**Zoellyturbine**),

c) die mehrstufige Gleichdruckturbine mit Geschwindigkeitsstufen
(**Curtisturbine**).

Die erstgenannte wird in ihrer ursprünglichen Form nicht mehr
ausgeführt, wohl aber in Verbindung mit der unter b oder c er-

wähnten Grundart; am häufigsten ist bei kleineren Leistungen eine Verbindung von mehr- und einstufiger Grundart c mit b. Bei Großturbinen ist Gleichdruckwirkung im Hochdruckteil, Überdruckwirkung im Niederdruckteil gebräuchlich. Die Wirkungsweise jeder Grundart soll im folgenden für sich besprochen werden.

a) Überdruckturbine mit Druckstufen.

Die Wirkungsweise ist in Abb. 4 schematisch dargestellt. Die

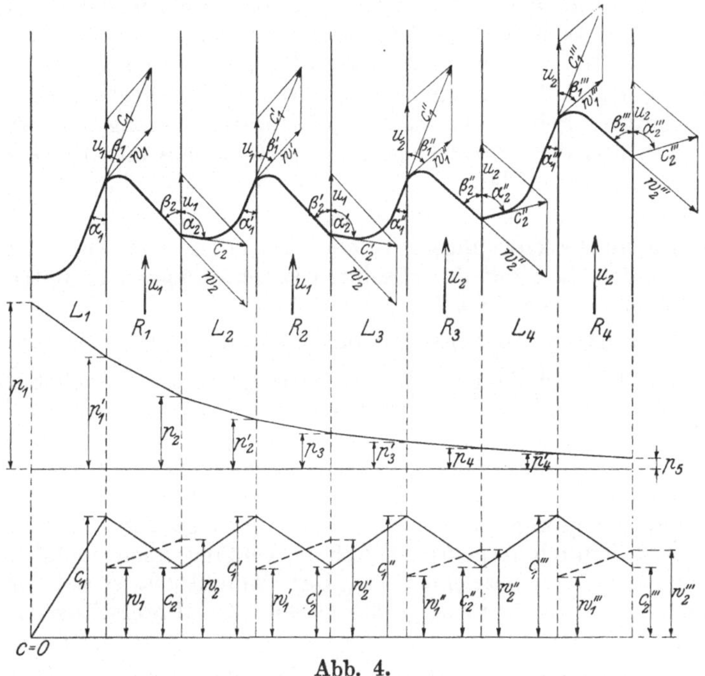

Abb. 4.

Laufschaufeln sind am Umfang einer Trommel oder auf Einzelscheiben befestigt. Zwischen je zwei Laufkränzen sitzt ein Leitkranz, der im Gehäuse befestigt ist. Die Dampfeinleitung erfolgt durch die Schaufelzellen des ersten Leitkranzes L_1; der Deutlichkeit wegen ist hier, wie auch bei den folgenden Kränzen, stets nur e i n e Schaufel gezeichnet. Die Vorgänge am Umfang der einzelnen Kränze sind folgende:

1. Leitkranz L_1: Der Dampf expandiert vom Druck p_1 auf p_1', die absolute Dampfgeschwindigkeit wächst von o bis c_1.

1. Laufkranz R_1: Der Dampf tritt unter dem Winkel α_1 gegen die Schaufelebene mit der absoluten Geschwindigkeit c_1 ein, welche

mit der Umfangsgeschwindigkeit u_1 vereinigt die Relativgeschwindigkeit w_1 ergibt, in deren Richtung (Winkel β_1) die Laufradschaufel tangential ansetzt, um einen Dampfstoß beim Eintritt zu vermeiden. Der Dampf expandiert vom Druck p_1' auf p_2, infolgedessen nimmt die Relativgeschwindigkeit von w_1 auf w_2 zu. Letztere ist unter dem Winkel β_2 zur Schaufelebene gerichtet und gibt mit der Umfangsgeschwindigkeit u_1 vereinigt die absolute Austrittsgeschwindigkeit c_2, welche kleiner als c_1 ist. Die diesem Geschwindigkeitsunterschied entsprechende lebendige Dampfenergie wird hier, abgesehen von Verlusten, in mechanische Arbeit umgesetzt. Da das Druckgefälle p_1-p_2 nur ein Teil des verfügbaren ist, wird c_1 verhältnismäßig klein; dadurch ergeben sich kleine günstigste Umfangsgeschwindigkeiten und ohne Zwischengetriebe verwendbare minutliche Drehzahlen (1500—3000).

2. Leitkranz L_2: Der Dampf strömt unter dem Winkel α_2 mit der absoluten Geschwindigkeit c_2 ein, expandiert vom Druck p_2 auf p_2' und strömt mit der absoluten Geschwindigkeit c_1' unter dem Winkel α_1' aus in den

2. Laufkranz R_2, in dem sich die Vorgänge von R_1 wiederholen.

Diese Wiederholung setzt sich so lange fort, bis schließlich im letzten Laufkranz die Dampfspannung auf Kondensatordruck gesunken ist. Da durch die Expansion das Dampfvolumen allmählich wächst, werden die radial gemessenen Schaufelhöhen zweier aufeinander folgender Kränze immer größer gewählt und die Trommeldurchmesser sprungweise oder besser stetig vergrößert. Letzteres ist in Abb. 4 dadurch ausgedrückt, daß die Umfangsgeschwindigkeit von R_3 ab mit $u_2 > u_1$ bezeichnet ist. Der Dampfdruck ist auf der Vorderseite jedes Laufkranzes größer als auf der Hinterseite; dies hat zur Folge, daß

a) ein Axialschub in Richtung der Dampfströmung entsteht, der durch besondere Einrichtungen aufzunehmen ist, und
b) ein Teil des Dampfes unausgenützt zwischen den Laufschaufeln und der Gehäusewand hindurchströmt (Spaltverlust).

Wegen des Überdruckes der Vorderseite gegenüber der Hinterseite der Leitschaufeln strömt ebenfalls ein unausgenützter Teil des Dampfes zwischen den Innenkanten der Leitschaufeln und der Trommelwandung hindurch, auf der die Laufschaufeln befestigt sind. Um diese Verluste klein zu halten, werden:

a) möglichst viele Stufen verwendet, damit die einzelnen Druck unterschiede nicht zu groß werden,
b) die Spielräume möglichst klein ausgeführt.

Letzterer Umstand hat zur Folge, daß die Turbine vor dem Anlassen sehr sorgfältig angewärmt werden muß, damit keine Schaufel anstreift und infolge der großen Umfangsgeschwindigkeit Veranlassung zum Bruch einer großen Zahl von Schaufeln gibt. Diese Gefahr vermindert sich mit abnehmender Dampftemperatur, weshalb diese Bauart heute nur als Niederdruckturbine ausgeführt wird.

b) Gleichdruckturbine mit Druckstufen.

Die Wirkungsweise ist schematisch aus Abb. 5 zu ersehen. Die Laufschaufeln sind auf dem Umfang einzelner Räder befestigt,

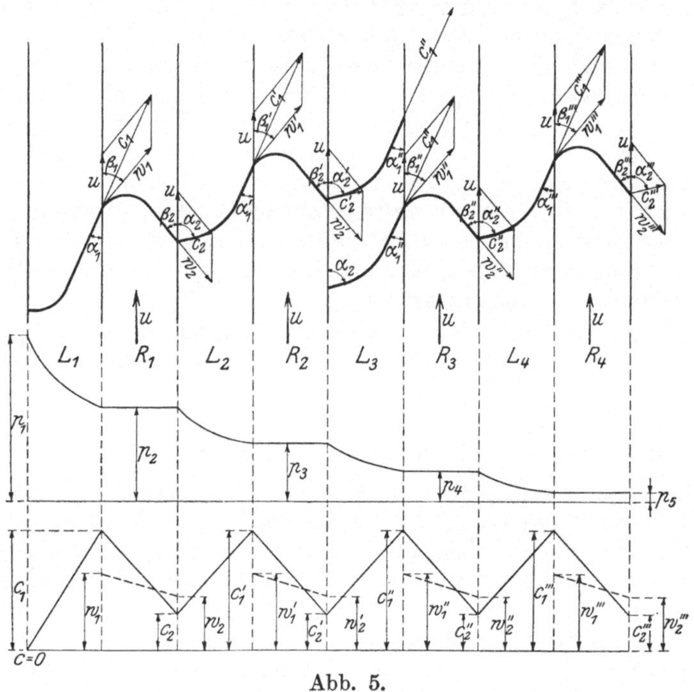

Abb. 5.

die auf der Welle aufgekeilt sind. Die Leitschaufeln jeder Stufe sind in den ringförmigen Zwischenraum zwischen einer Radscheibe und einem konzentrischen vollen Außenring eingegossen. Die Nabe der Radscheibe umfaßt möglichst dampfdicht die Nabe der Laufradscheibe (Labyrinthdichtung), der volle Ring ist dampfdicht in das Gehäuse eingepaßt. Die Leitradkränze sind wieder mit L, die Laufkränze mit R bezeichnet. Die Vorgänge in den einzelnen Kränzen sind folgende:

1. Leitrad L_1: Der Dampf expandiert vom Druck p_1 auf p_2 und strömt unter dem Winkel α_1 mit der absoluten Geschwindigkeit c_1 in das

1. Laufrad R_1 ein; c_1 ergibt wieder mit u die Relativgeschwindigkeit w_1. Der Druck p_2 bleibt im Laufkranz R_2 derselbe; deshalb strömt der Dampf entlang der Schaufelfläche mit der Relativgeschwindigkeit w_1, die sich wegen der Reibung um einen kleinen Betrag auf w_2 verringert. Damit auch bei Leistungsschwankungen der Druck p_2 sich nicht ändert, ist die Radscheibe mit einigen großen Löchern zum Druckausgleich versehen. Da hier kein Spaltverlust zu befürchten ist, kann der Spielraum zwischen Laufschaufeln und Gehäusewand reichlich groß gemacht und die Turbine ohne Anwärmen angelassen werden. Dagegen kann Dampf an den Stellen durchströmen, an denen die Naben der Leiträder die Naben der Laufräder umfassen. Hier läßt sich weder Undichtheit noch Heißlaufen während des Betriebes feststellen. Die Relativgeschwindigkeit w_2 setzt sich mit u zur absoluten Austrittsgeschwindigkeit c_2 zusammen. Die Arbeitsleistung des ersten Laufrades entspricht wieder dem Unterschied der lebendigen Energie des Dampfes beim Eintritt und Verlassen des Schaufelkranzes.

2. Leitrad L_2: Der Dampf expandiert vom Druck p_2 auf p_3 und strömt unter dem Winkel α_1' mit der absoluten Geschwindigkeit c_1' in das

2. Laufrad R_2 ein, in dem sich die Vorgänge des ersten Laufrades wiederholen usw., bis der Kondensatordruck erreicht ist.

Der Dampf expandiert also nur in den Leitkränzen, nicht aber in den Laufkränzen. Da der Druck auf der Vorderseite jedes Laufkranzes derselbe ist wie auf der Hinterseite desselben, hat die Turbine keinen Axialschub. Wegen des mit fortschreitender Expansion wachsenden Dampfvolumens nimmt die radiale Schaufelhöhe von der Dampfeintrittsseite nach der Kondensatorseite hin stetig zu. Wegen des stoßfreien Eintritts gilt auch hier das unter a) Gesagte.

c) Gleichdruckturbine mit Geschwindigkeitsstufen.

Nach Abb. 6 tritt der Dampf durch eine oder mehrere Lavalsche Düsen zu, die den

1. Leitkranz L_1 ersetzen. Hier expandiert der Dampf vom Druck p_1 sofort auf Kondensatorspannung p_2 und erreicht damit seine größte Geschwindigkeit c_1, mit der er unter dem Winkel α_1 in den

1. Laufkranz R_1 einströmt. Die Umfangsgeschwindigkeit u vereinigt sich mit c_1 zu der noch sehr beträchtlichen Relativgeschwindigkeit w_1, mit der der Dampf die Schaufel entlang gleitet; w_1 vermindert sich wegen der Reibung auf w_2, die sich mit u zur absoluten Austrittsgeschwindigkeit c_2 zusammensetzt. Die Arbeitsleistung entspricht wieder dem Unterschied der lebendigen Dampfenergie für c_1 und c_2.

2. Leitkranz L_2. Der Dampf strömt entlang der Schaufel mit der Geschwindigkeit c_2, die sich wegen der Reibung um einen geringen Betrag auf c_1' vermindert. Der Leitkranz hat hier nur die Aufgabe, die Strömungsrichtung des Dampfes so umzulenken, daß alle Laufkränze denselben Umlaufsinn erhalten.

2. Laufkranz R_2. Die Vorgänge im 1. Laufkranz wiederholen sich, indem der Dampf seine absolute Geschwindigkeit von c_1' auf c_2' verringert und die entsprechende Arbeit an das Rad abgibt usw.

Diese allmähliche Geschwindigkeitsabnahme dauert so lange an, bis die absolute Dampfaustrittsgeschwindigkeit auf einen Wert gesunken ist, der einen möglichst guten Wirkungsgrad durch Kleinhaltung des Austrittsverlustes sichert (50—100 m/sek).

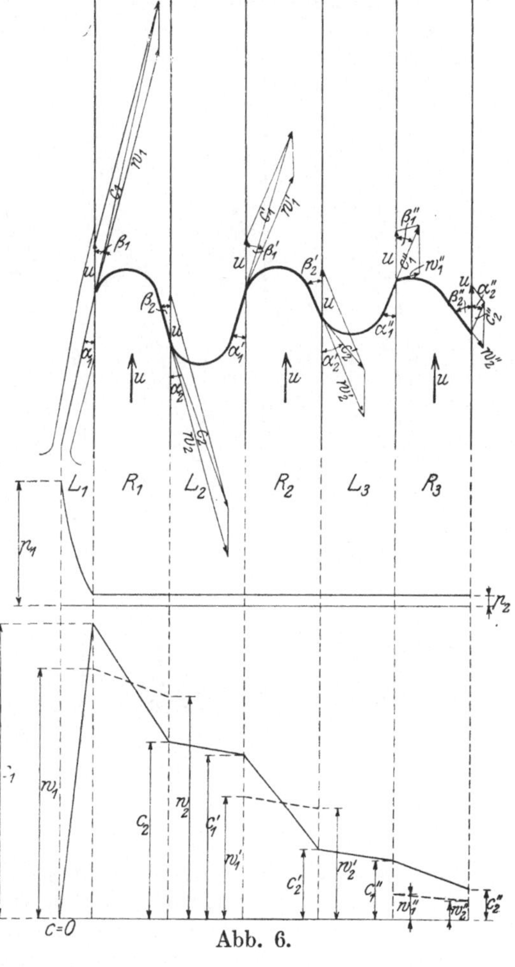

Abb. 6.

Auch diese Turbine hat keinen Axialschub, und die Spielräume können reichlich groß gemacht werden. Wegen des stoßfreien Eintritts müssen auch hier die Laufschaufeln unter dem Winkel der relativen Eintrittsgeschwindigkeit w_1, die Leitschaufeln unter dem Winkel der absoluten Austrittsgeschwindigkeit c_2 ansetzen.

Um zu große Dampfgeschwindigkeiten zu vermeiden und gleichzeitig durch Verminderung der Stufenzahl die Baulänge zu verkürzen, kann man nach Abb. 7 den Dampf im 1. Düsensatz nur

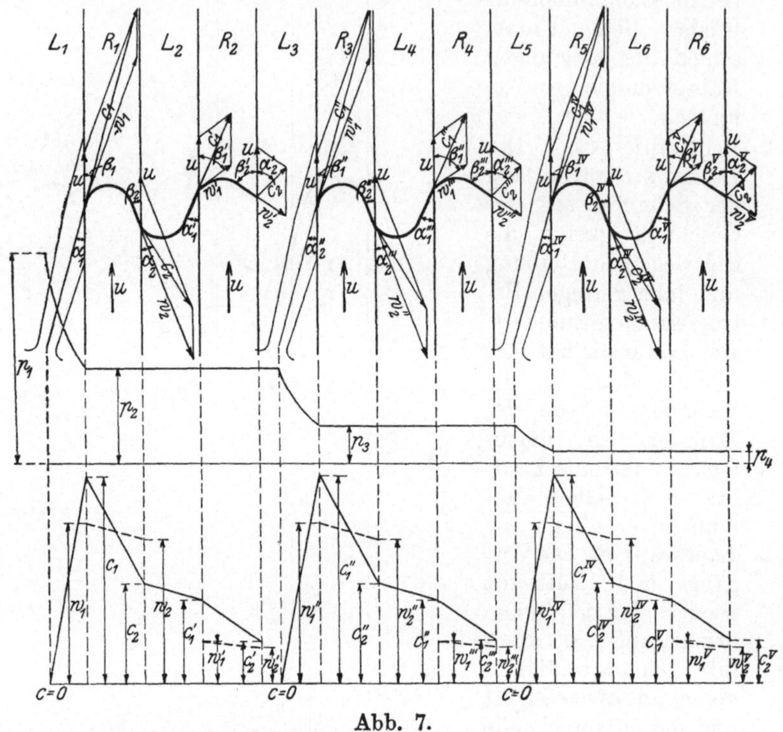

Abb. 7.

um einen Teil seines Druckes von p_1 auf p_2 expandieren lassen und ihm die erreichte Geschwindigkeit c_1 bis auf den Rest c_2 in zwei (wie gezeichnet) oder drei Geschwindigkeitsstufen unter Zwischenschaltung eines bzw. zweier Leitkränze entziehen. Hieran schließt sich ein zweiter Düsensatz, in welchem der Dampf von p_2 auf p_3 expandiert und die Geschwindigkeit c_1 erreicht, die ihm auf dieselbe Weise entzogen wird. Dasselbe Verfahren kann mit einer dritten Druckstufe wiederholt werden.

Aus diesen Darlegungen ergibt sich folgende

Übersicht über die Turbinenbauarten.

A. Gleichdruckturbinen:

    I. einstufige (Laval, Abb. 2),

    II. mehrstufige:
- a) ohne Druckstufung (Curtis, Abb. 6);
- b) mit Druckstufung, ohne Geschwindigkeitsstufung (Zoelly, Rateau, Abb. 5);
- c) mit Druckstufung, mit Geschwindigkeitsstufung (Schiffsturbine, Abb. 7);
- d) Hochdruckteil: Besonders großes Gleichdruckrad (mit großem u, großem c und großem Stufengefäll) oder Gleichdruckrad mit Geschwindigkeitsstufung (Curtis-Rad), Niederdruckteil: mit Druckstufung ohne Geschwindigkeitsstufung (Abb. 8).

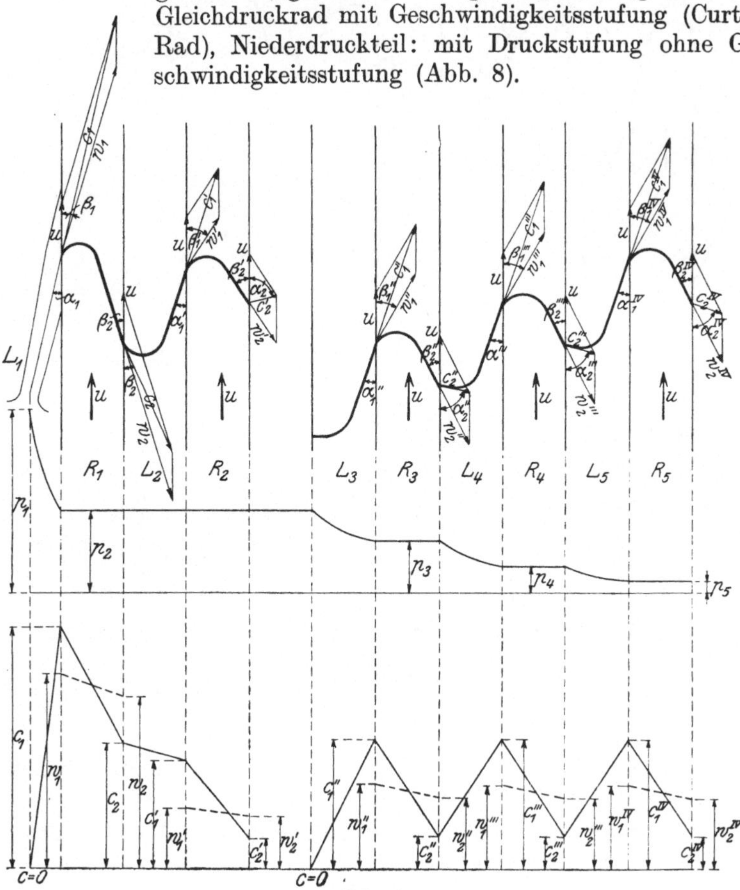

Abb. 8.

B. Überdruckturbinen:

I. einstufige (wird nicht ausgeführt, Abb. 3),
II. mehrstufige (Parsons, Abb. 4).

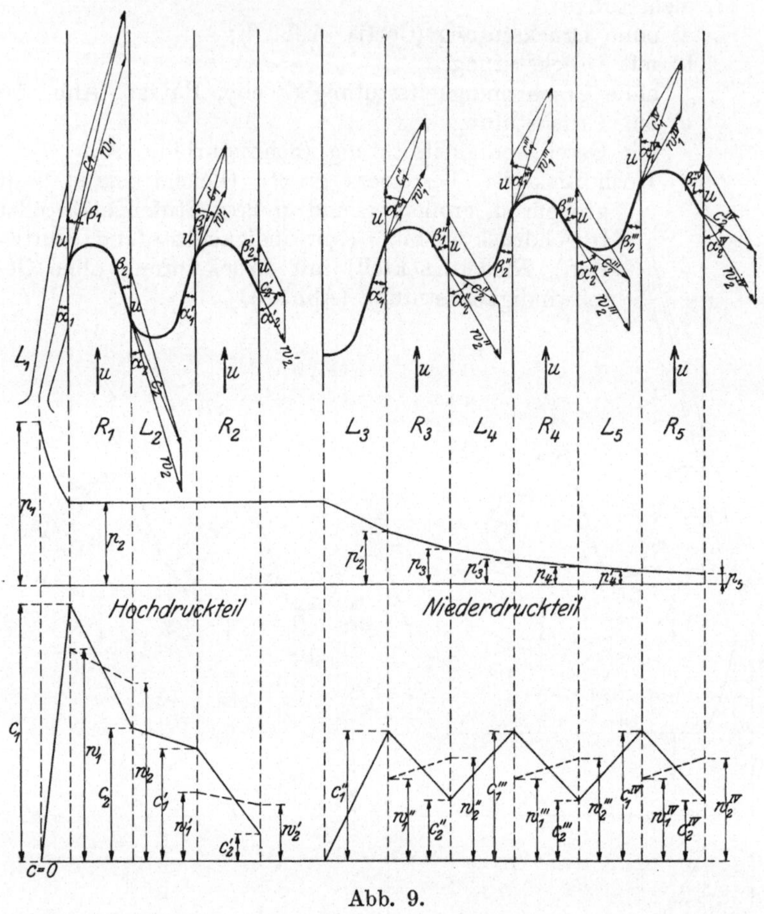

Abb. 9.

C. Gemischte Turbinen:

Hochdruckteil: Gleichdruckrad mit oder ohne Geschwindigkeitsstufung (Curtis-Rad) wie unter A II d,

Niederdruckteil: mehrstufige Überdruckturbine (Brown, Boveri & Co., Abb. 9).

Dazu kommen noch die später behandelten:

D. Turbinen für Abdampf- oder Heizdampfverwendung:

    I. Abdampfturbinen,

    II. Zweidruckturbinen (mit Frischdampf und Abdampf zugleich betrieben),

    III. Gegendruckturbinen (der Abdampf wird zu Heizzwecken verwendet),

    IV. Anzapfturbinen (Dampf aus einer Zwischenstufe wird zu Heizzwecken verwendet).

E. Nach der Beaufschlagung läßt sich auch folgende Einteilung treffen:

    a) axial   beaufschlagte Turbinen,

    b) radial   ,,   ,,

Letztere mögen hier unberücksichtigt bleiben; oder

    a) ganz   beaufschlagte Turbinen,

    b) teilweise   ,,   ,,

Nach Stodola: Dampf- und Gasturbinen 6. Aufl., S. 191 tritt bei teilweise beaufschlagten Turbinen ein Sonderverlust durch Wirbelung beim Anfüllen einer leeren vor die Düse tretenden Schaufel und beim Entleeren der austretenden Schaufel ein. Auch läßt sich in diesem Fall die Austrittsgeschwindigkeit im folgenden Leitrad nicht verwerten.

Zweiter Teil

Aufbau der Dampfturbinen.

I. Allgemeines.

Weitaus die meisten Dampfturbinen dienen zum unmittelbaren Antrieb von Wechsel- oder Drehstrommaschinen, deren Welle mit der Turbinenwelle durch eine Scheibenkupplung verbunden ist; deshalb richten sich ihre Umdrehungszahlen nach den üblichen Perioden- und Polzahlen. Die gewöhnlichste minutliche Drehzahl ist 3000; nur bei sehr großen Leistungen (über 30 000 KW) geht man auf 1500 herab. Turbinen zum Antrieb von Turbokompressoren arbeiten mit 3000 — 4000 minutlichen Umdrehungen. Die äußere Ansicht einer Turbodynamo mit einer Leistung von 23 000 PS gibt Abb. 10[1]) wieder. Beide Maschinen ruhen auf einer gemeinsamen, aus einem Stück gegossenen Grundplatte; für große Leistungen wird diese mit Rücksicht auf Herstellung, Versand und Zusammenbau, aus mehreren Teilen bestehend, ausgeführt und zusammengeschraubt. Da die Dampfturbine nur umlaufende und keine hin und her gehenden Triebwerksteile enthält, erfordert sie keinen besonderen schweren Fundamentklotz, sondern

Abb. 10.   23 000 PS-Turbine der MAN.

---

1) Maschinenfabrik Augsburg-Nürnberg (im folgenden mit MAN bezeichnet).

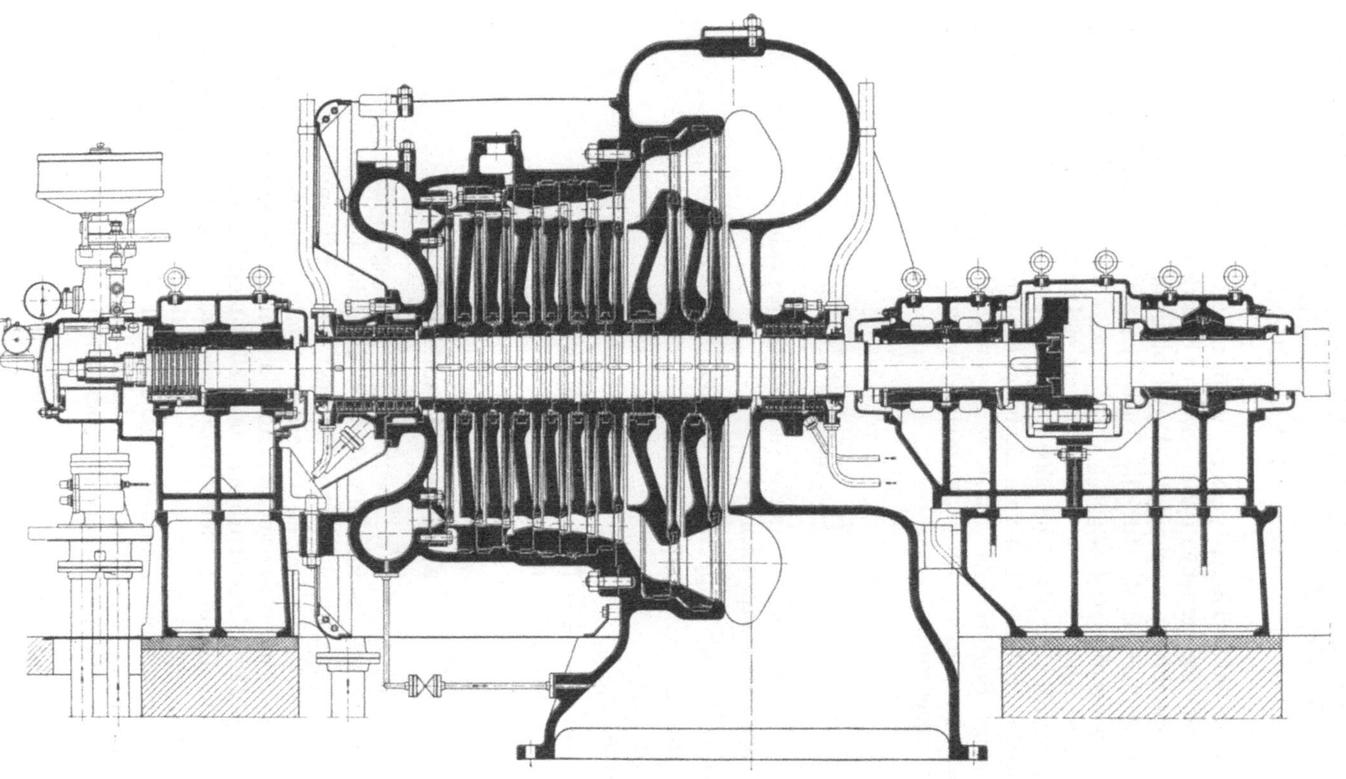

Abb. 11. Zoelly-Turbine der GMA.

sie kann auf I-Träger gestellt werden; der dadurch unterhalb
der Turbine freiwerdende Raum wird zur Unterbringung der Kondensationseinrichtung ausgenutzt. Der Platzbedarf der letzteren ist
immer größer als die für die Turbodynamo notwendige Grund-
fläche, jedoch weit geringer als für eine entsprechende Kolbenmaschine. Abb. 11[1]) zeigt den senkrechten Längsschnitt durch eine
reine Zoellyturbine von 5000 KW. Der Dampf tritt durch einen
ringförmigen Wulst links vom Laufzeug ein und verläßt die Turbine
in einem ringförmigen Wulst von entsprechend größerem Querschnitt, um durch einen angegossenen Stutzen nach dem Kondensator abzuströmen.

II. Hauptteile.

Die Turbine besteht außer der schon erwähnten Grundplatte
aus folgenden Hauptteilen:

a) **Welle mit Kupplungsflansch und Laufrädern,**

b) **Gehäuse mit Leitapparaten und Stopfbüchsen,**

c) **Lager,**

d) **Regelung,**

e) **Ölpumpen** für Lagerschmierung und Regelung,

f) **Kondensationseinrichtung,**

g) **Hilfsapparate.**

a) Welle und Laufzeug.

Die Welle besteht meistens aus hochwertigem Tiegelgußstahl
und ist so stark bemessen, daß ihre kritische Umdrehungszahl[2])
bedeutend oberhalb der normalen liegt. Die Beanspruchung auf
Biegung und Verdrehung ist deshalb sehr gering, besonders wenn die
Laufräder so gut ausgewuchtet sind, daß ihr Schwerpunkt in die
Drehachse fällt. Bei Turbinen mit 3000 minutlichen Drehungen
wird auch häufig die Betriebsdrehzahl oberhalb der kritischen gelegt.
Die Naben der Laufräder sind einzeln aufgekeilt und werden durch
eine gesicherte Mutter zusammengehalten. Kleinere Läufer, besonders solche mit hoher Drehzahl, werden häufig mit der Welle aus
dem Vollen geschnitten oder auch als kegelförmige Trommeln aus-

---

[1]) Wumag, Abt. Maschinenbau, Görlitz (im folgenden mit GMA bezeichnet.

[2]) Siehe vierter Teil.

gebildet (Abb. 12—14a)[1]), um die Baulänge kurz zu halten. Die Welle durchdringt das Gehäuse in zwei Stopfbüchsen und ist außerhalb des Gehäuses in zwei Lagern gehalten. Das linke Lager enthält außer den gewöhnlichen Schalen noch ein Kammlager zur Sicherung gegen etwaige axiale Schwankungen des Laufzeuges. Am Kopfende der Welle befindet sich der Schneckenantrieb des Reglers. Abb. 15 zeigt ein einzelnes Hochdruck-Laufrad der GMA, das mehrere Bohrungen enthält; diese dienen zum Ausgleich geringer Druckunterschiede, die beim Auftreten von Belastungsschwankungen entstehen können. In Abb. 16 ist ein Niederdruck-Laufrad derselben Firma dargestellt. Die Schaufeln werden durch besondere Aussparungen mit ihren Füßen in eine ringsumlaufende Nute des Radkranzes eingeführt und durch eingeschobene Zwischenklötzchen Füllstücke in der richtigen Entfernung ge-

____
[1]) Ausführungen der AEG.

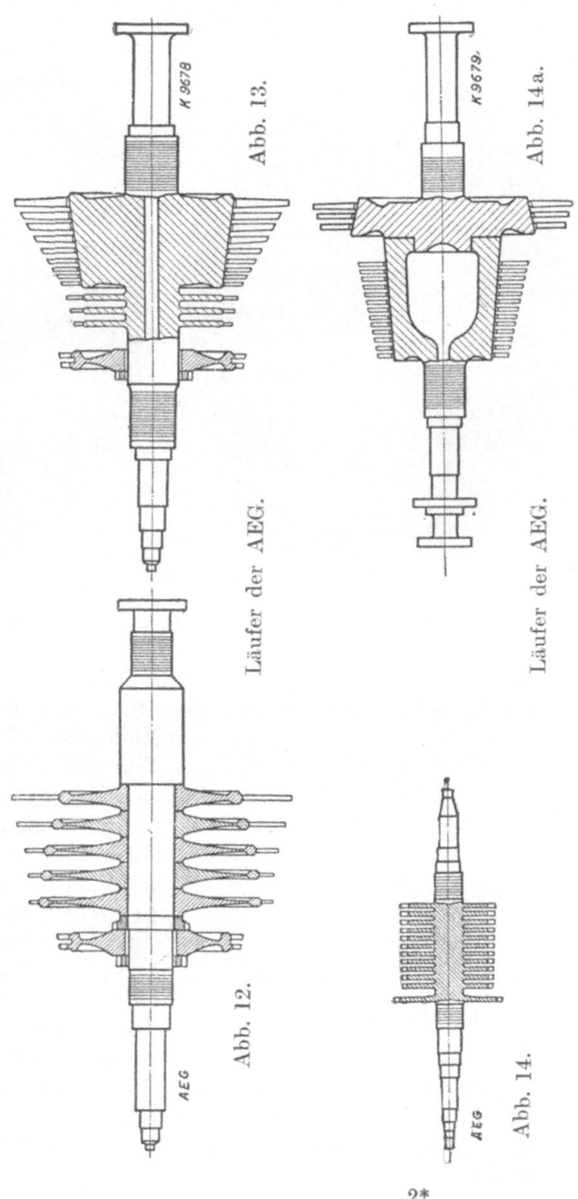

halten. Die Aussparungen werden dann besonders sorgfältig verschlossen. Außerdem werden längere Schaufeln durch einen umlaufenden Ring

Abb. 15.
Hochdruck-Laufrad der GMA.

Abb. 16.
Niederdruck-Laufrad der GMA.

gehalten. In diesen Ring werden die Schaufeln entweder mit vorstehenden Enden eingenietet oder der Ring wird durch die umgebogenen Enden der Schaufeln selbst gebildet. Eine andere Versteifung besteht darin, daß ein ringsumlaufender Draht in Bohrungen der Schaufeln eingesteckt und darin festgelötet wird. Die Laufräder erfordern wegen der hohen Beanspruchung durch die Fliehkraft besonders guten Baustoff und werden deshalb aus Siemens-Martin-Stahl geschmiedet. Die Laufschaufeln bestehen, wenigstens im Gebiet des Heißdampfes, aus Nickelstahl, im Niederdruckteil dagegen häufig aus Bronze. Sie werden hergestellt entweder einzeln durch Fräsen oder durch Abschneiden von gefrästen Profilstäben oder gebogenen Streifen.

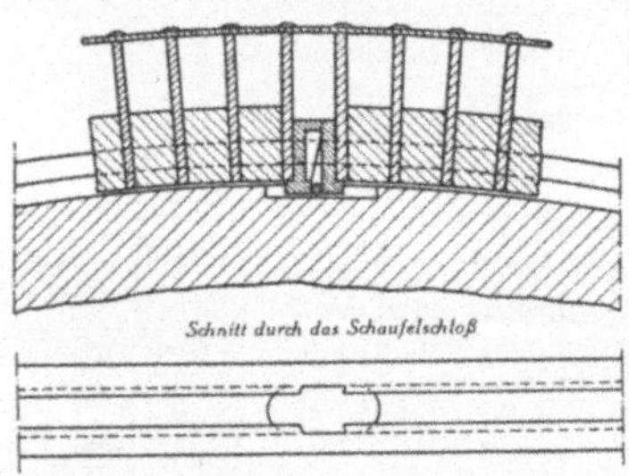

Abb. 17. Schaufelbefestigung der GMA.

Im folgenden seien einige Befestigungen von Laufschaufeln wiedergegeben. Wie aus Abb. 17 und 18 hervorgeht, sitzen die

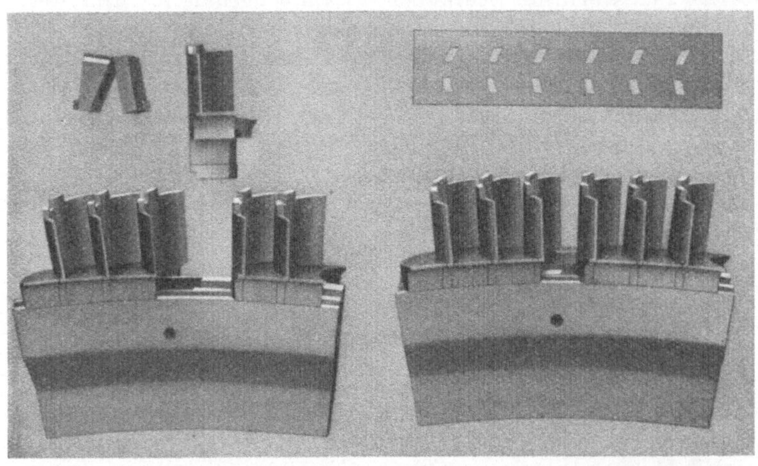

Abb. 18. Schaufelschloß der GMA.

Schaufeln mit ihren Einkerbungen in den Radkranznuten und werden durch je zwei Nietzapfen mit dem Deckband verbunden. Zwischen die beiden Schlußschaufeln wird das Schaufelschloß eingeführt; dieses besteht aus zwei mit gegen die Schaufeln gekehrten Vorsprüngen versehenen Stücken, von denen das eine keilförmig ist. Beide Stücke werden nacheinander durch die im Grundriß von Abb. 17 sichtbare Aussparung eingeschoben und durch einen zwischen sie getriebenen Keilstift auseinandergezwängt. Nach den Angaben der Firma bestehen die Laufschaufeln aus 5proz. Nickelstahl und in besonderen Fällen aus nichtrostendem Stahl V 5 M, Messing oder Monelmetall.

Die Ausführung der Beschaufelung der MAN zeigt Abb. 19. Hier werden die Schanfeln bis zu mittleren Längen durch Abstandsklötzchen voneinander getrennt, große Schaufeln dagegen mit den Klötzchen zusammen aus einem Stück gefertigt.

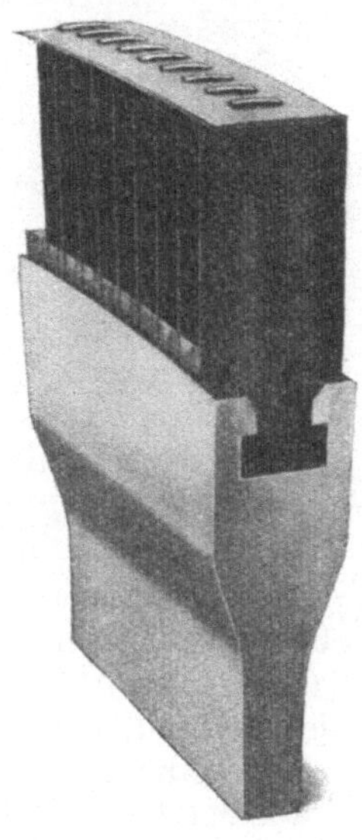

Abb. 19. Laufschaufel-Befestigung der MAN.

b) Gehäuse mit Leitapparaten und Stopfbüchsen.

Das Gehäuse ist in der wagerechten Ebene geteilt und durch kräftige Flanschen mit Schrauben zusammengehalten. Eine weitere Teilfuge liegt meistens in einer senkrechten Ebene, und zwar wie in Abb. 11 am Kondensatorende. Das Gehäuse enthält die Leiträder, die ebenfalls in der Horizontalebene geteilt sind. Jedes Leitrad besteht aus der Leitradscheibe mit der geteilten Nabe, den Leitschaufeln und dem äußeren Ring; Scheibe und Ring sind im Gebiet hoher Drücke und Temperaturen aus Stahlguß, im Niederdruckgebiet aus Gußeisen, die Schaufeln aus gebogenem Nickelstahlblech. Bei der Herstellung werden die Schaufeln im Hochdruckgebiet (geringere

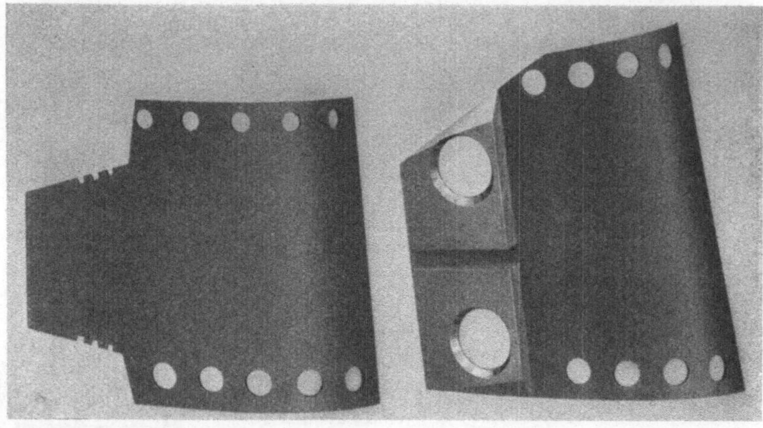

Abb. 20. Leitschaufeln der GMA.

Bauhöhe) gefräst und in Nuten der Scheibe und des Ringes eingelegt; Schaufeln mit größerer Bauhöhe werden mit einer besonderen Formmaschine in die Radform eingesetzt, so daß sie sich beim Gießen mit dem Radkörper verschweißen. Bei nur teilweise beaufschlagten Radkränzen (in den ersten Stufen der Zoellyturbine) sind an verschiedenen Stellen des Leitrades die Zwischenräume zwischen Scheibe und Ring voll ausgegossen. Der äußere Ring schließt sich dampfdicht an die Gehäusewandung an, während die Naben gegen die Laufradnaben durch Labyrinth-Dichtung abgedichtet sind. Diese Abdichtung ist notwendig, weil der Dampfdruck auf der Vorderseite des Leitrades größer ist als auf der Hinterseite. Zur Verringerung der Spannungen sind die Leitradscheiben kegelförmig durchgedrückt. Wird der obere Gehäuseteil abgehoben, dann hebt sich die obere Hälfte des Leitapparates mit ab, so daß das Laufzeug frei zugänglich wird. Die Stopfbüchsen bestehen aus einzelnen Kammern aus Metallringen; in jeder Kammer befindet sich ein geteilter Ring aus Preßkohle, der durch eine Schlauchfeder gegen die Welle gedrückt wird. Kohle ist das einzige Dichtungsmittel, das sich bei Turbinenstopfbüchsen bis zu einer Umfangsgeschwindigkeit von etwa 40 m/sek bewährt hat; sie bedarf weder Schmierung noch Kühlung und besitzt nur geringe Reibung. Da infolgedessen kein Öl in das Innere der Turbine kommt, ist das Kondensat ganz ölfrei und als Speisewasser für die in großen Anlagen heute ausschließlich

Abb. 21. Leitschaufel-Formmaschine der GMA.

verwendeten Wasserrohrkessel besonders geeignet, ein Vorzug gegenüber der Kolbenmaschine. Bei größeren Umfangsgeschwindigkeiten verwendet man Labyrinthdichtungen. Die Dichtung der Kondensatorseite erhält etwa in der Mitte eine Beaufschlagung durch Dampf, der zum Teil durch ein aufgesetztes Abzugsrohr ins Freie, zum Teil in den Kondensator geht. Dadurch wird das Eindringen von Luft und damit eine Verschlechterung des Vakuums verhindert. Zur Verkleidung und Wärmeisolierung erhält das Gehäuse einen Mantel, bestehend aus einem gußeisernen Eckring, einer Stirnplatte und einem Zylinder aus Glanzblech.

In Abb. 20 sind zwei Leitschaufelbauarten der GMA dargestellt. Diese Schaufeln werden mittels einer besonderen Formmaschine (Abb. 21) in den Gußkern eingelegt, wodurch man genaue Teilung,

Form und Lage der Kanalquerschnitte erreicht. Ein fertiges Leitrad in Ansicht zeigt Abb. 22. Gefräste, beiderseits in Nuten eingesetzte Schaufeln mit den zugehörigen Leitradhälften sind in Abb. 23 wiedergegeben.

Eine Hochdruckstopfbüchse mit Abdichtung durch Kohlenringe, Bauart GMA, zeigt Abb. 24. Die Labyrinthstopfbüchse der AEG, ist in Abb. 25 dargestellt. Der unterste Kreis ist eine Vergrößerung des im Längsschnitt kreisförmig umrandeten Teiles; er läßt die Ausführung der Dichtung genau erkennen. Die Welle ist mit Nuten versehen, die durch ringförmige Bunde begrenzt sind. Die umgelegten, zweiteiligen Ringe enthalten abwechselnd höhere und niedere Bunde von spitzwinklig dreieckförmigem Querschnitt. Die höheren Bunde stoßen fast an den Nuten, die niederen Bunde fast an den Bunden der Welle an. Der Abdampf der Hochdruckstopfbüchse dichtet die Niederdruckstopfbüchse ab.

Abb. 22. Leitrad der GMA.

Abb. 23. Leitrad der GMA mit gefrästen Schaufeln.

Für größere Leistungen und höhere Drücke baut man die Turbinen zwei- und mehrgehäusig, um die Gebiete höherer Temperatur von denen niederer Temperatur scharf zu trennen und die Gehäuseabmessungen und Lagerentfernungen mit Rücksicht auf die kritische Drehzahl (s. vierter Teil) nicht übermäßig groß zu erhalten. Eine zweigehäusige Bauart der MAN ist in Abb. 26 (Taf. I) dargestellt. Dem Hochdruckteil ist einkränziges ein Geschwindigkeitsrad vorgeschaltet. Die Einzelteile gehen aus folgender Zusammenstellung hervor:

1. Reglerwelle,
2. Sicherheitsregler,
3. Hochdruckblocklager,
4. Vorderes Hochdrucklager,
5. 9, 16 Stopfbüchsen,

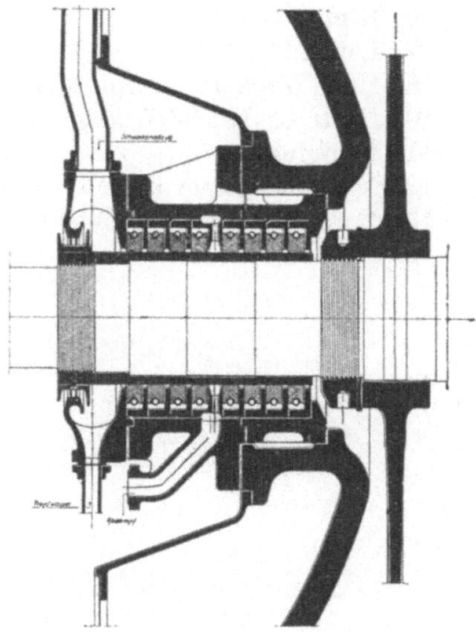

Abb. 24. Hochdruckstopfbüchse der GMA.

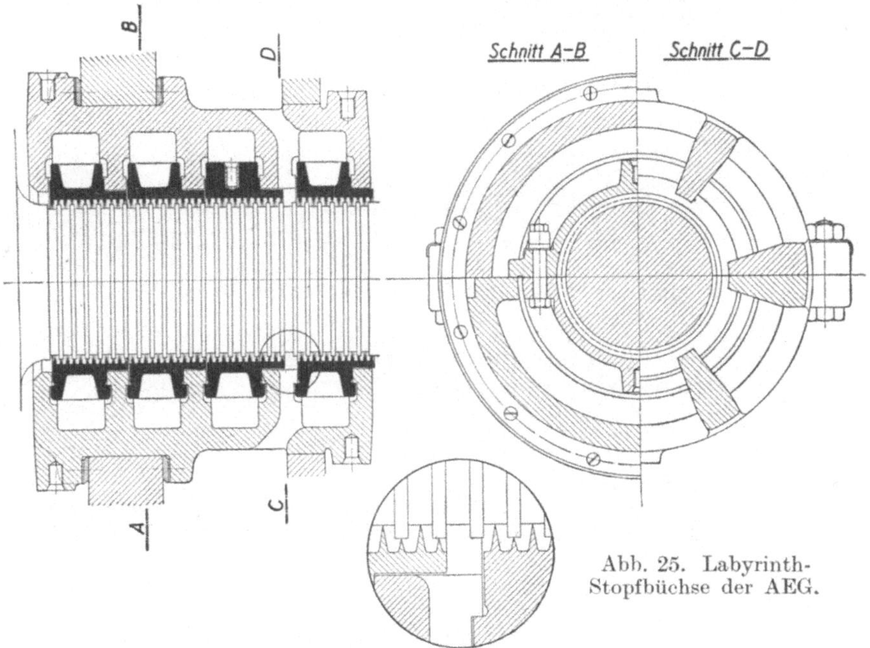

Abb. 25. Labyrinth-Stopfbüchse der AEG.

6. Ringkanal,
7. Leitrad,
8. Hochdruckläufer (mit der Welle aus einem Stück),
10. Hinteres Hochdrucklager,
11. Kupplung,
12. Niederdruckblocklager,
13. Vorderes Niederdrucklager,
14. Leitrad,

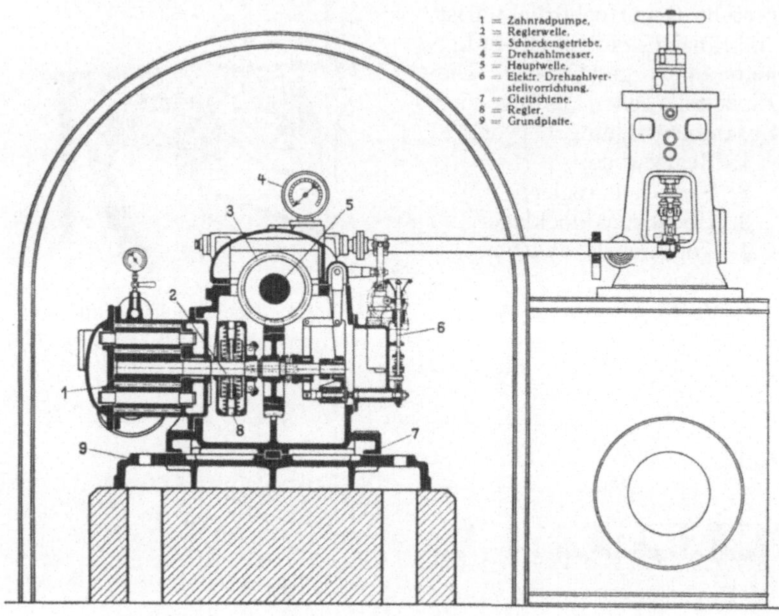

Abb. 27. Zahnrad-Ölpumpe und Reglerwelle der MAN.

15. Welle des Niederdruckteiles mit Laufrädern,
17. Hinteres Niederdrucklager,
18. Generatorkupplung,
19. Vorderes Generatorlager,
20. Abdampfstutzen.
Einzelne dieser Teile werden später näher beschrieben. Den Querschnitt durch die Reglerwelle zeigt Abb. 27. Die Einzelteile sind folgende :
1. Zahnradölpumpe,
2. Reglerwelle,

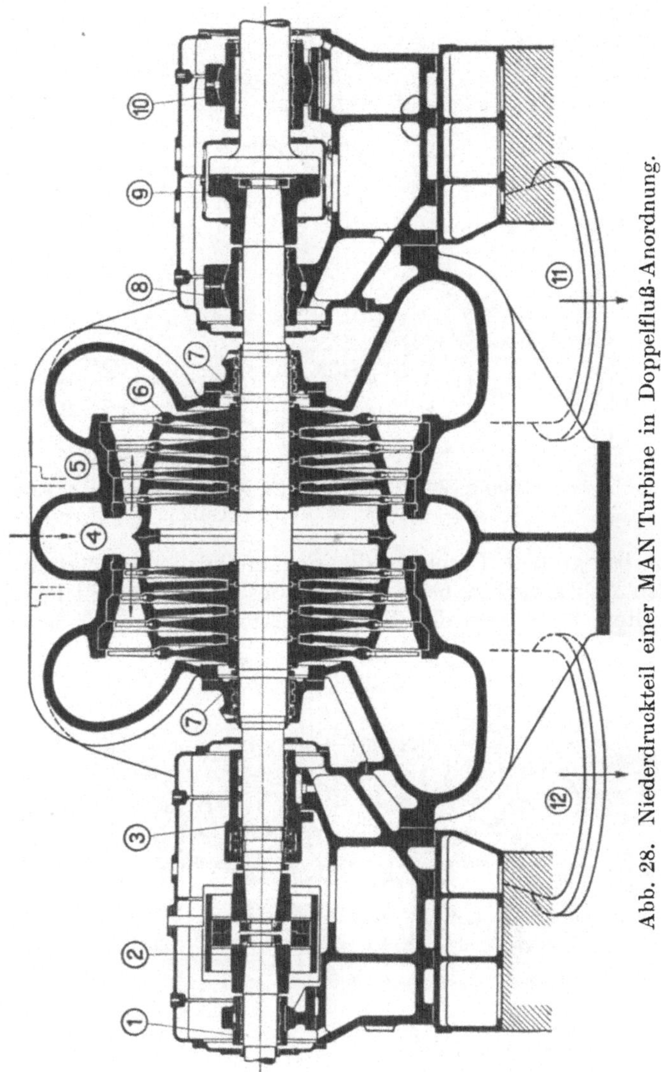

Abb. 28. Niederdruckteil einer MAN Turbine in Doppelfluß-Anordnung.

3. Schneckengetriebe zum Antrieb der Reglerwelle,
4. Drehzahlmesser,
5. Hauptwelle,
6. Elektr. Drehzahl-Verstellvorrichtung,

7. Gleitschiene,
8. Regler,
9. Grundplatte.

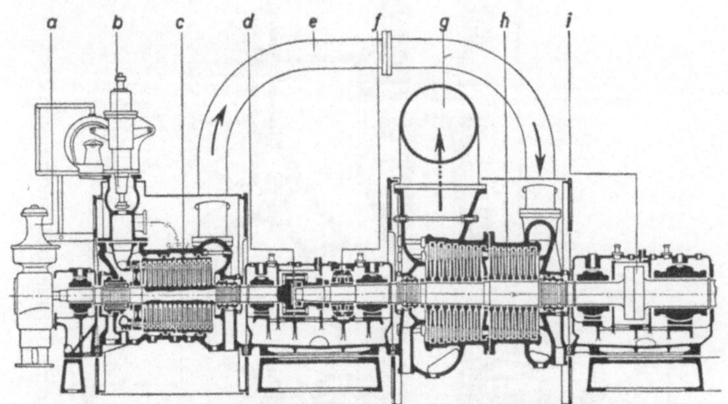

Abb. 29. 80 000 KW-Turbine des Klingenberg-Werkes (AEG)
(Hoch- und Mitteldruck-Turbine).

Um bei großen Turbinen die Schaufelhöhe der letzten Stufen
und den Auslaßverlust beim Austritt des Abdampfes nicht zu groß
zu erhalten, führt man den Niederdruckteil häufig nach dem Zwei-,

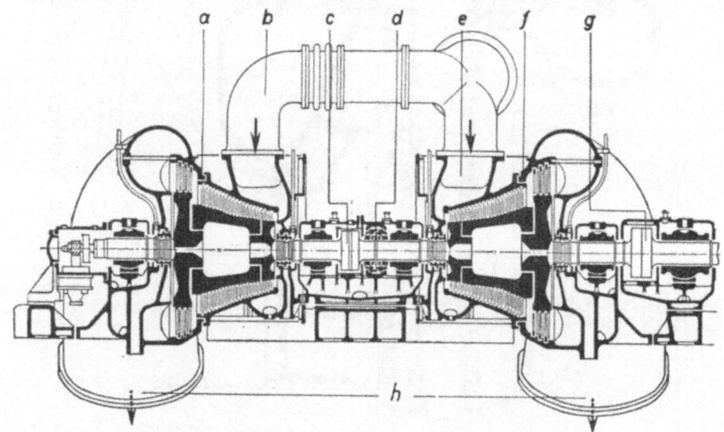

Abb. 30. Wie Abb. 39: Niederdruckturbine.

Drei- oder Vierflußgrundsatz aus, d. h. der in dem Niederdruckteil
einströmende Dampf wird in 2, 3 oder 4 Teilströme geteilt, die zum
Teil einander entgegengesetzt fließen. Damit ist noch der Vorteil

verbunden, daß der Axialschub aufgehoben wird. Als Beispiel ist in Abb. 28 der Niederdruckteil einer MAN-Turbine in Doppelfluß-anordnung dargestellt mit folgenden Einzelteilen:

1. Hochdrucktrag-
   lager,
2. Kupplung,
3. Niederdruckblock-
   und -traglager,
4. Dampfeintritt
   (Doppelstrom),
5. Leitrad,
6. Laufrad,
7. Stopfbüchsen,
8. Hinteres Nieder-
   drucklager,
9. Kupplung,
10. Vorderes Genera-
    torlager,
11., 12. Abdampfstut-
    zen.

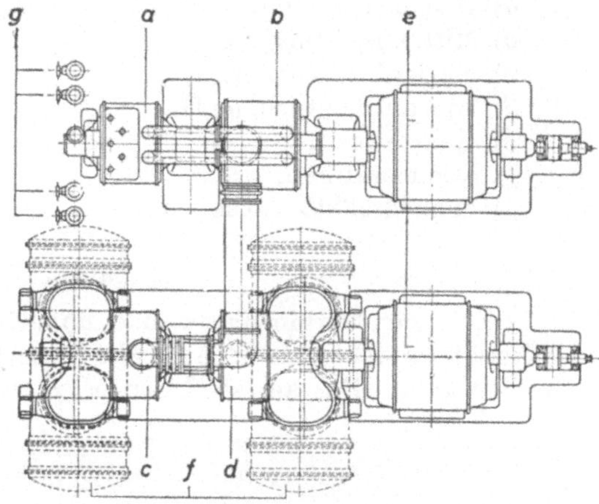

Abb. 31. Wie Abb. 29: Grundriß.

Sehr große Turbinen werden zweiteilig mit zwei ganz getrennt nebeneinanderliegenden Gehäusen, und zwei Generatoren ausgeführt. Als Beispiel sei hier ein Typenbild der 80000 kW-Turbinen des Groß-kraftwerkes Klingenberg[1]) wiedergegeben. Abb. 29 zeigt den Längs-schnitt durch die Hoch- und Mitteldruckturbine, und zwar bedeutet:

a) den Drehzahlregler,
b) den Frischdampfeintritt,
c) die Hochdruckturbine,
d) die Kupplung zwischen Hoch- und Mitteldruckturbine,
e) die Überströmleitung zur Mitteldruckturbine,
f) das Drucklager,
g) die Überströmleitung zu den beiden Niederdruckturbinen,
h) die Mitteldruckturbinen,
i) die Generatorwelle.

In Abb. 30 ist der Längsschnitt des zweigehäusigen Niederdruck-teils mit folgenden Einzelheiten dargestellt:

a) Niederdruckturbine I,
b) und *e*) Überströmleitungen von der Mitteldruckturbine,
c) Kupplung,
d) Drucklager,
f) Niederdruckturbine II,

---

[1]) AEG-Jubiläumsschrift: 25 Jahre AEG-Dampfturbinen.

g) Generatorwelle,
h) Abdampfstutzen.
Der Grundriß ist in Abb. 31 wiedergegeben. Die Einzelheiten sind:
a) Hochdruckturbine,
b) Mitteldruckturbine,
c) Niederdruckturbine I,
d) Niederdruckturbine II,
e) Generatoren,
f) Kondensatoren,
g) Schnellschlußventile.

c) Lager.

Die beiden Turbinenlager sind unmittelbar auf der Grundplatte befestigt, so daß vom Gehäuse aus keine Wärme auf sie übertragen werden kann. Das am stärksten belastete mittlere Lager (zwischen

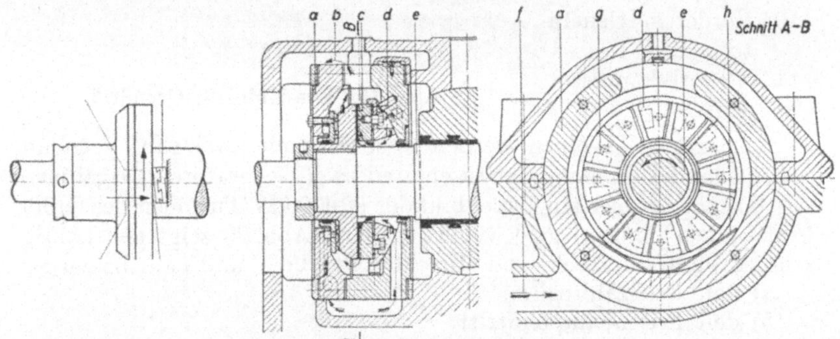

Abb. 32. Michell-Lager der AEG.

Turbine und Dynamo) besitzt Kugelbewegung und besonders lange Schalen. Die Schmierung geschieht durch Drucköl, das durch eine Zahnradpumpe geliefert wird. Ein besonderer Bauteil eines Lagers, das auch zur Aufnahme größerer Axialschübe dienen soll, ist in Abb. 32 als Einringklotzlager (Michell-Lager) der AEG dargestellt. Hierbei verwendet man die Erkenntnis von Osborne Reynold, daß eine Flüssigkeit zwischen zwei schwach zueinander geneigten Flächen, von denen sich eine bewegt, einen Ölkeil bildet, der außerordentlich hohe Drucke aufnimmt. Die Drucklager nehmen daher den Schub des Laufringes durch 8 bis 12 auf den Umfang verteilte Druckklötze auf, die bei Drehung der Turbinenwelle kippen, so daß ein Ölkeil zwischen die Druckflächen gezwängt wird. Dabei sind nach Angabe der Firma Flächendrücke bis zu 30 kg/qcm bei einer auf Klotzmitte bezogenen Umfangsgeschwindigkeit von 60 m/sek zulässig. Die mit Buchstaben bezeichneten Einzelteile des Lagers sind folgende:

a) Drucklagergehäuse,
b) Ölabfluß,
c) Laufring,
d) Druckklotz,
e) Welle,
f) Ölzufluß,
g) Kippkante,
h) Stützfeder.

Abb. 33 zeigt das normale Traglager der Brown-Boveri-Turbinen. Die Lagerschalen liegen in der Mitte auf einer schmalen Fläche auf, so daß sie sich

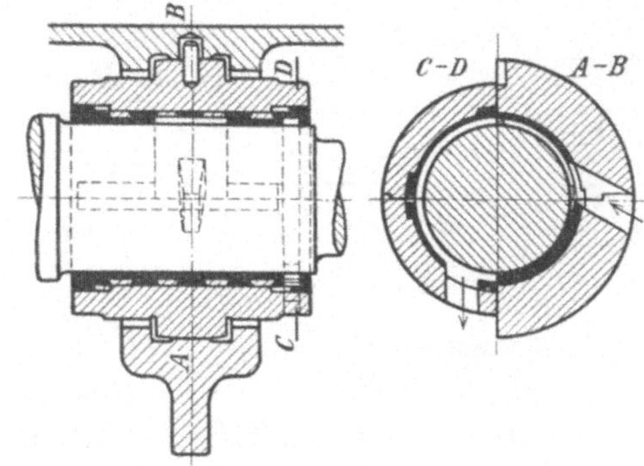

Abb. 33. Traglager von Brown-Boveri.

leicht einstellen können. Das Öl wird in Pfeilrichtung schräg seitlich zugeführt und nach unten abgeführt. Zur Aufnahme von Axialschüben wird das Lager seitlich mit aus Kugeln und Tragsegmenten versehenen Drucklagern ausgerüstet (Abb. 34).

Die Zahnradpumpe besteht nach Abb. 35 (Querschnitt) aus zwei langen Zahnrädern, die sich so dicht als möglich an die Wandung des Pumpengehäuses anschließen. Bei dem gezeichneten Drehsinn nehmen die Lücken i der Zähne das Öl aus dem Eintrittsraum e mit und drücken es in den Austrittsraum a. Von hier gelangt es in eine ringsumlaufende Aussparung der Lagerschalen, drückt sich nach beiden Seiten des Lagers hindurch und fließt aus dem Lagerkörper durch ein Rohr nach dem Innern der Grundplatte, die eine Einrichtung zur Kühlung und Filtrierung des Öles enthält. Das so

Abb. 34. Geöffnetes Drucklager von Brown-Boveri.

gekühlte und gereinigte Öl wird von der Zahnradpumpe wieder angesaugt, um den Kreislauf von neuem zu beginnen. Zur ständigen Beobachtung der Öltemperatur im Lagerkörper sind Thermometer angebracht; die Temperatur soll möglichst unter 100° bleiben. Die Ausführung der Zahnradpumpe der GMA zeigt Abb. 36, die in einer zweiten Stufe auch das Drucköl für die Steuerung liefert. Damit beim Anlassen der Turbine die Lager sofort die volle Schmierung erhalten, ist eine besondere Hilfsölpumpe vorhanden, die meistens ihren Antrieb durch eine kleine Dampfturbine erhält.

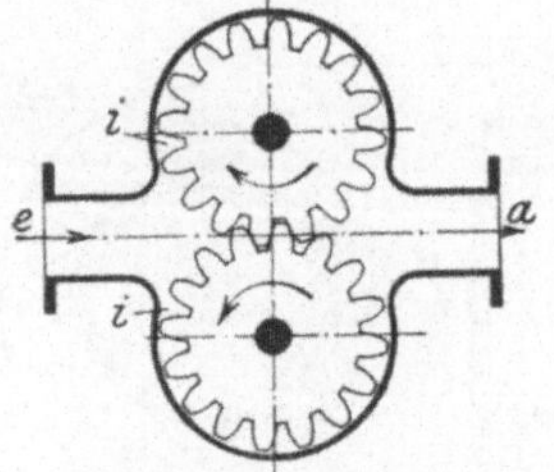

Abb. 35. Schema der Zahnrad-Ölpumpe

Die Berechnung des Lagers muß folgende Forderungen berücksichtigen:

a) genügende Festigkeit des Zapfens,
b) Geringhaltung des Flächendruckes p,
c) sichere Ableitung der Reibungswärme.

Bezeichnet man mit

P den Zapfendruck (Gewicht plus Fliehkraft durch exzentrische umlaufende Massen),

p den spezifischen Flächendruck in kg/qcm Schalenprojektion,
d den Zapfendurchmesser in cm,
l die Länge der Lagerschale in cm,
μ den Zapfen-Reibungskoeffizienten,
v die Umlaufgeschwindigkeit des Zapfens in m/sek,

t_1 die Temperatur der Lagerschale,
t_2 die Lufttemperatur,
Ar die Reibungsarbeit für 1 qcm Schalenprojektion in mkg/sek,

dann ist

$$P = l\,d\,p,$$

$$A_r = \mu\,p\,v \quad \text{oder} \quad = \mu\,p\,\frac{d\,\pi\,n}{100 \cdot 60}$$

$$\lessgtr A_z\,(t_1 - t_2),$$

worin A_z die für $1°$ Temperaturunterschied und 1 qcm Schalenprojektion sekundlich wirklich ableitbare Wärmemenge in mkg umgerechnet bedeutet.

Von diesen Größen sind als bekannt vorauszusetzen: P, v, A_z, t_1, t_2. Zu den genannten 3 Gleichungen kommt

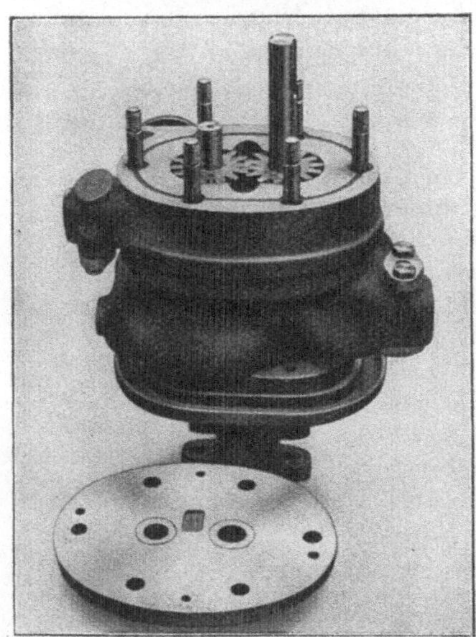

Abb. 36.   Zahnrad-Ölpumpe der GMA.

die aus Versuchen von Lasche abgeleitete Beziehung

$$\mu\,p\,t_1 = 2.$$

Setzt man

$$\mu p \frac{d \pi n}{100 \cdot 60} = A_z \, (t_1 - t_2),$$

dann wird mit $\mu p = \dfrac{2}{t_1}$

$$\frac{d \pi n}{100 \cdot 60} = A_z \, (t_1 - t_2) \, \frac{t_1}{2};$$

hieraus

$$d = \frac{3000}{\pi \cdot n} \, A_z \, (t_1 - t_2) \, t_1;$$

hier bedeutet d den größten Zapfendurchmesser für eine angenommene Lagertemperatur t_1, während $A_z \sim 0{,}002$ bis $0{,}004$ je nach Größe der Ausstrahlungsfläche gewählt werden kann.

Wird der Zapfendurchmesser nach den Regeln der Festigkeitslehre berechnet, dann läßt sich hieraus die voraussichtliche Temperatur t_1 der Lagerschale berechnen.

Die Zapfenlänge $l = \dfrac{P}{d\,p}$ ist so zu bestimmen, daß p etwa $= 3$ bis 6 kg/qcm wird. Der Anteil der Fliehkraft an P ist zu schätzen.

d) Regelung.

Die Regelung wird in zwei Arten ausgeführt:

1. als reine Drosselregelung: Der Regler beeinflußt ein Drosselventil, die Turbine gibt ihre Normalleistung, wenn dieses ganz geöffnet ist. Zur Überlastung ist häufig noch ein besonderes, entweder von Hand oder auch vom Regler betätigtes Ventil vorhanden, welches Frischdampf in eine spätere Expansionsstufe leitet.
2. als Füllungsregelung: Der Regler betätigt außer dem Drosselventil mehrere kleinere Ventile, durch deren Öffnung eine Anzahl von Düsen satzweise zugeschaltet werden.

1. Reine Drosselregelung.

Die Anordnung ist in Abb. 37 schematisch dargestellt: Zwischen den Regler und das zweisitzige Drosselventil V ist ein sog. Servomotor M eingeschaltet, der aus einem Zylinder mit Kolben und einem Kolbenschieber S besteht, der von dem Stellzeug AB des Reglers gesteuert wird. Der Eintrittsstutzen e der Steuerung steht mit der oben erwähnten Zahnrad-Ölpumpe in Verbindung; der Zylinder M und der Schieberraum von S sind mit Drucköl gefüllt.

In der gezeichneten Stellung schließt der Kolbenschieber sowohl den Kanal e für den Öleintritt als auch die Kanäle a_1 und a_2 für den Austritt ab, und der Kolben von M und damit das Drosselventil V werden in einer bestimmten Lage festgehalten. Sinkt die Belastung der Turbine, dann nimmt zunächst die Umdrehungszahl etwas zu und der Regler geht hoch. Das Stellzeug dreht sich um A, die Muffe B geht nach B', C nach C' und nimmt den Kolbenschieber S mit. Dadurch wird das von e kommende Öl durch a_1 auf die Oberseite des Kolbens von M geleitet, während das Öl von dessen Unterseite durch den frei gegebenen Kanal bei a_2 abfließt. Der Kolben bewegt sich nach unten, drosselt das Ventil V ab und würde es ganz schließen, wenn der Kolben nicht zum Stillstand

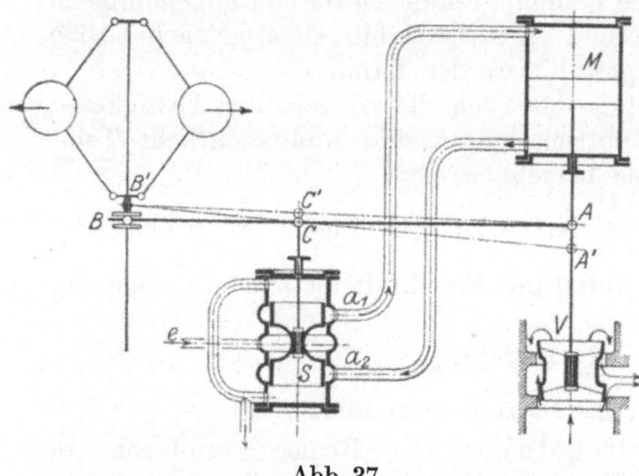

Abb. 37.

käme. Sobald der Kolben anfängt zu sinken, bildet B' den Drehpunkt des Hebels AB, der Punkt A kommt nach A' und C' gelangt auf C zurück. Damit hat der Kolbenschieber seine Mittellage wieder erreicht und sämtliche Ölkanäle abgeschlossen. Der Kolben bei M, also auch das Ventil V können nicht weiter sinken und bleiben in einer neuen Gleichgewichtslage stehen, bei welcher der durch das Drosselventil V eingestellte Dampfdruck der neuen Turbinenleistung entspricht. Bei einer Zunahme der Belastung spielt sich der umgekehrte Vorgang ab. Die Ober- und Unterseite von S sind durch einen Umlaufkanal unter sich und mit dem Ölrücklauf verbunden. Der Öldruck beträgt 5 bis 6 at und wird an einem Manometer abgelesen. Abb. 38 zeigt die praktische Ausführung eines derartigen Reglers.

Das rechts gezeichnete Hauptventil wird mittels des Servomotors durch die vom Regler beeinflußte Ölsteuerung betätigt. Das in der Mitte gezeichnete Ventil ist das später erwähnte Selbstschlußventil, das den Zweck hat, die Überschreitung der normalen Drehzahl der Turbine um mehr als 10—15% zu verhindern. Der Schnellschlußregler besteht aus einem exzentrisch um die Turbinenwelle gelagerten Ring, der durch eine Feder im Gleichgewicht gehalten wird. Bei Überschreitung der normalen Drehzahl wird der Ring aus seiner

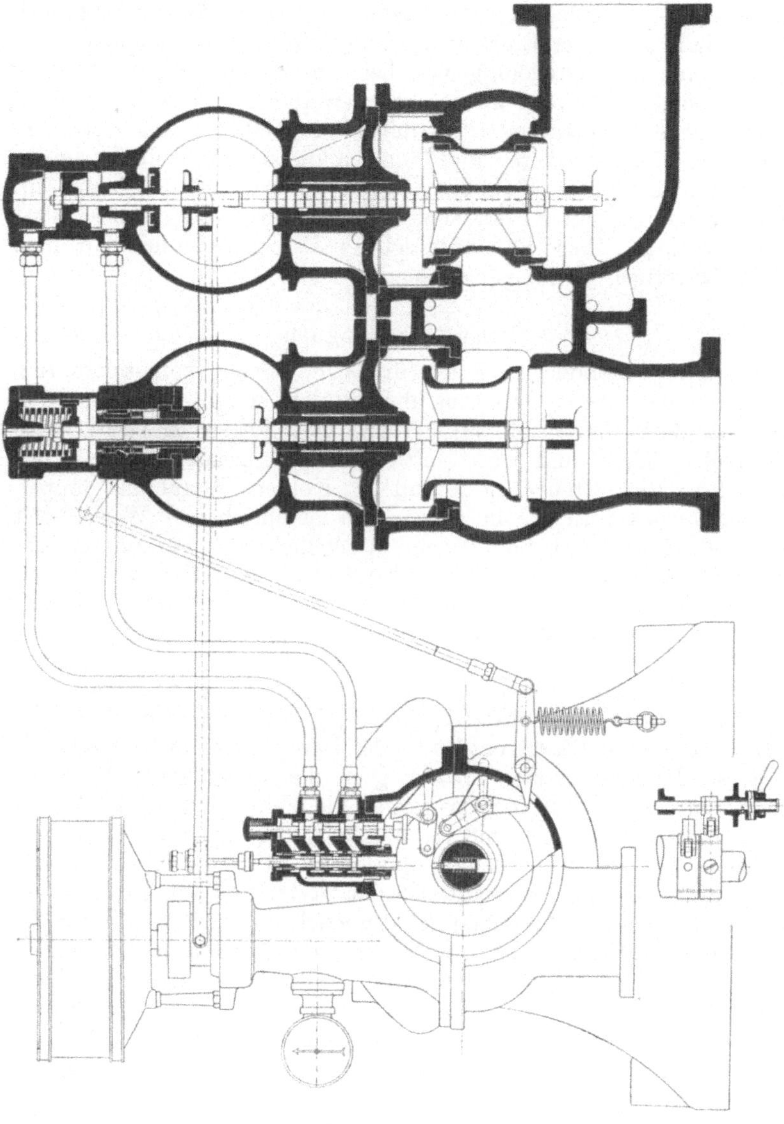

Abb. 38. Drosselregelung der GMA.

3*

Gleichgewichtslage gebracht und schlägt gegen eine Klinke, die das in die Hauptleitung vor dem Hauptventil eingebaute Schnellschlußventil auslöst und dadurch die Turbine stillsetzt. Das Hauptventil ist ebenfalls mit einer Einrichtung zum Schnellschluß versehen.

Die reine Drosselregelung wird bei den Turbinen ausgeführt, bei denen weniger Wert auf wirtschaftlichen Dampfverbrauch bei Teilbelastung gelegt wird, oder bei denen die Teilbelastung nur kurze Zeit dauert. Bei stärkeren und länger andauernden Teilbelastungen erhält die Turbine zweckmäßig noch Hilfsventile, durch die einzelne Leitradgruppen der ersten Stufe von Hand zu- oder abgeschaltet werden können. Diese Bauart bildet den Übergang zu den Turbinen mit selbsttätiger Füllungsregelung.

2. Füllungsregelung.

Diese ist besonders geeignet für Turbinen mit vorgeschaltetem Geschwindigkeitsrad. Die Ausführung der MAN. geht aus dem schematischen Bild (Abb. 39) hervor. Der Regler R besitzt eine wagerechte Welle und wirkt mittels des Stellzeuges GD_2FD_1 mit Hilfe der Druckölsteuerung N und des Kolbens K auf das doppelsitzige Drosselventil V_1 in der vorhin beschriebenen Weise. Mit der Kolbenstange ist bei D_1 ein Winkelhebelzug verbunden, der eine Schubkurvenstange bewegt. Die Schubkurven sind so versetzt, daß mit sinkender Reglermuffe, also bei abnehmender Drehgeschwindigkeit der Turbine, die Ventile $V_2\ V_3\ V_4\ V_5$ der Reihe nach geöffnet werden. Durch Öffnen jedes dieser Ventile wird dem Dampf der Zutritt zu einer Anzahl von Düsen (gezeichnet je 4) freigegeben. Der Querschnitt des Drosselventiles V_1 ist so bemessen, daß nach Öffnen des ersten Düsenventiles V_2 der Dampf nicht mehr gedrosselt wird, sondern mit voller Spannung in die Düsen gelangt. Sinkt die Belastung der Turbine, so werden die Ventile $V_5\ V_4\ V_3\ V_2$ der Reihe nach geschlossen, und dann erfolgt bei weiterer Belastungsabnahme die Dampfdrosselung durch V_1. Um die Drehzahl um $\pm 5\%$ ändern zu können, läßt sich der Gestängepunkt T von Hand oder mittels einer elektrischen Schaltvorrichtung von der Schalttafel aus in den Pfeilrichtungen verschieben. Der Einbau des Reglers in die Turbine geht aus Abb. 26 hervor. W ist das elektrische Schaltwerk, das durch Drehen einer Schraubenspindel und Verschieben der Muffe M den Gelenkpunkt V verschiebt.

Außer dieser Regelung, die die Dampfmenge der augenblicklichen Leistung anpaßt, besitzt die Dampfturbine noch einen Sicherheitsregler zur Verhütung des Durchgehens. Bei den ohnehin großen Umdrehungsgeschwindigkeiten ist eine weitere Steigerung derselben infolge der schnell wachsenden Fliehkräfte

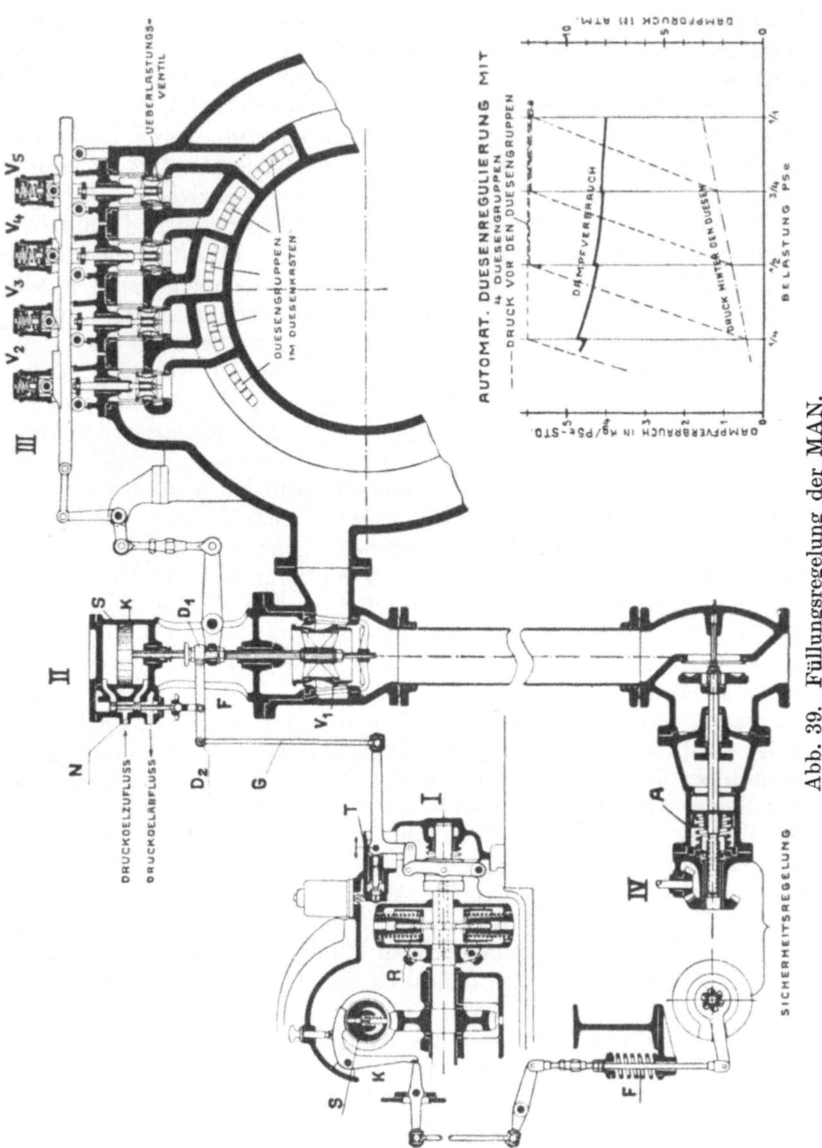

Abb. 39. Füllungsregelung der MAN.

besonders gefährlich. Der Sicherheitsregler hat die Aufgabe, bei Überschreitung der Drehzahl um 10—15% der normalen, das Hauptventil zu schließen und dadurch die Turbine stillzusetzen. In Abb. 39 wird der Sicherheitsregler S von der wagerechten Reglerwelle angetrieben. Bei zu großer Drehgeschwindigkeit stößt ein bisher durch eine Feder zurückgehaltener Stift an den oberen Schenkel des Winkelhebels K, der das darunter befindliche Gestänge freigibt; dadurch kommt die Druckfeder F zur Wirkung und zieht ihre Stange hoch, die mittels des untersten Hebels das Absperrventil A schließt.

In Abb. 40 ist der Längsschnitt durch eine Frischdampfturbine der Gutehoffnungshütte Oberhausen wiedergegeben; es sei hier besonders auf den Hochdruckteil, bei dem die Laufschaufeln in eine konische Trommel eingesetzt sind, sowie besonders auf den Einbau der Regelventile hingewiesen. Die Art der Regelung ist in Abb. 41 (Tafel II) für einen Turbokompressor dargestellt, jedoch von der Regelung für einen Turbogenerator nicht grundsätzlich verschieden.

Bei dieser Steuerung werden alle Bewegungen vom Regler auf die Steuerung hydraulisch, d. h. durch Drucköl übertragen. Das Drucköl wird von der Zahnradpumpe 1 geliefert. In der Druckleitung 2 befindet sich an der Stelle 3 ein veränderlicher Durchflußwiderstand, der von der Größe einer veränderlichen Durchflußöffnung abhängt. Die Durchflußöffnung wird verändert durch die Muffe 4 des Fliehkraftreglers; d. h. eine Verkleinerung der Öffnung 3 hat eine Erhöhung des Öldruckes, eine Vergrößerung der Öffnung 3 hat ein Sinken des Öldruckes zur Folge. Fällt beispielsweise die Belastung, so steigt die Drehzahl etwas an und der Regler vergrößert die Durchlaßöffnung 3, der Öldruck im Raum 5 nimmt ab, das Steuerventil 6 schließt sich weiter und läßt weniger Dampf in die Turbine strömen. Bei Belastungssteigerung tritt der umgekehrte Vorgang ein. Die Bewegung der Steuerventile 6, 7 und 8 der Düsenregelung wird durch das Drucköl wie folgt bewirkt:

Das Regelöl, das, wie oben erwähnt, einen je nach der Belastung verschiedenen Druck hat, wird vom Raum 5 durch die Leitung 9 auf einen Kolben 10 geleitet, der durch eine Feder 11 im Gleichgewicht gehalten wird. Ändert sich der Öldruck in 9, so verschiebt sich der Kolben 10 und überträgt seine Bewegung durch einen Hebel zunächst auf den Hilfsschieber 12, der das von 13 kommende Drucköl auf den Arbeitskolben 14 wirken läßt und das Steuerventil 6 beeinflußt. Sind mehrere Steuerventile 6, 7, 8 vorhanden, von denen die Spindel eines jeden durch die oben beschriebene Steuervorrichtung[1]) betätigt

---

[1]) In Abb. 41 ist nur die Steuervorrichtung des Ventiles 6 dargestellt, und zwar der Deutlichkeit wegen mit der senkrechten Achse um 90 verdreht.

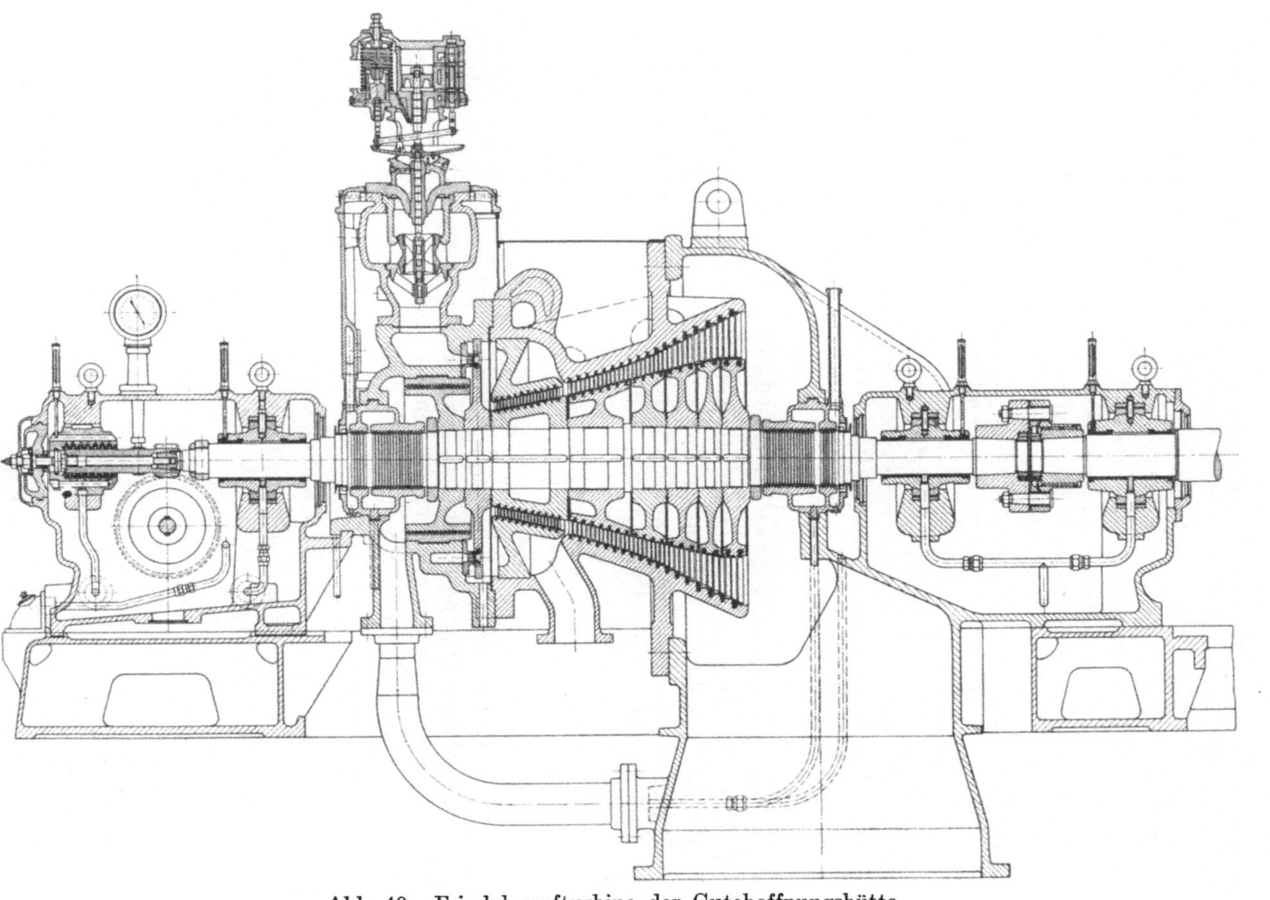

Abb. 40. Frischdampfturbine der Gutehoffnungshütte.

wird, so sind die Federn 11 so abgestimmt, daß sie nacheinander in dem Maße, wie die Belastung und damit der Druck des Regelöles 9 steigt und fällt, öffnen und schließen. Die Frischdampf-Generator-Antriebsturbinen der GHH haben 3 Ventile 6, 7, 8, die für etwa $^1/_2$, $^3/_4$ und $^4/_4$ Belastung bemessen sind.

Um die Reibung der Ruhe sämtlicher Teile der Regelung und Steuerung auszuschalten, ist ein Verdränger 20 angeordnet; dieser wird von der Turbinenwelle mittels Schneckenrad, Schnecke und Kurbel angetrieben und sorgt dafür, daß der Öldruck nicht gleichmäßig ist, sondern um einen mittleren Druck schwankt. Dadurch wird eine pulsierende Wirkung hervorgerufen, die die Steuerventile in schwingende Bewegung versetzt.

Sollte aus irgendeinem Grunde die Förderung des Öles aufhören, so schließen sämtliche Steuerventile selbsttätig, wodurch die Turbine stillgesetzt und das Warmlaufen der Lager 21 verhindert wird.

e) Ölpumpen.

Die in Abb. 35 schematisch dargestellte Ölpumpe liefert das Drucköl sowohl für die Lager, als auch für den Servomotor der Regelung. Sie wird häufig zweistufig ausgeführt; das Öl der ersten Stufe kommt in die Lager, während die zweite Stufe das Drucköl in die Steuerung des Reglers fördert.

Zur Schmierung beim Anlassen und Abstellen der Turbine ist eine Hilfsölpumpe erforderlich, die nach Erreichung der vollen Drehzahl abgeschaltet wird. Als Hilfsölpumpe kann dienen:

1. Handpumpe,
2. Schleuderpumpe, entweder durch kleine Dampfturbine oder durch Elektromotor angetrieben,
3. schwungradlose Dampfpumpe nach Art der Kesselspeisepumpen.

f) Kondensation.

Der wirtschaftliche Hauptvorzug der Dampfturbine liegt in der Ausnutzung des Vakuums, d. h. niedriger Expansionsenddrücke, die tiefer liegen als bei der Kolbenmaschine. Andererseits beeinflußt jedoch eine Verschlechterung des Vakuums den Dampfverbrauch ungünstiger als den der Kolbenmaschine. Deshalb ist auf die Durchbildung einer guten Kondensationsanlage und die dauernde Erhaltung eines hohen Vakuums der größte Wert zu legen. In weitaus den meisten Fällen wird Oberflächenkondensation angewandt, die eine Wiederverwendung des heißen, kesselstein- und ölfreien Kondensates zur Kesselspeisung gestattet. Der Kondensator der GMA ist in Abb. 42 mit abgenommenem rechtsseitigen Deckel dargestellt. Er besteht aus einem genieteten Blechzylinder, den beiden Rohrböden, welche durch eine Anzahl dünnwandiger Rohre verbunden sind, und den Deckeln. Durch Scheidewände wird erreicht, daß das Kühlwasser die Rohre reihenweise abwechselnd in verschiedener Richtung durchströmt, während der Dampf die Rohre umspült. Luft und Dampfwasser werden meistens getrennt abgeführt. Als Luftpumpen verwendet man:

    a) umlaufende Naßluftpumpen durch Hilfsturbine oder Elektromotor angetrieben,

Abb. 42. Kondensator der GMA.

    b) trockene Kolbenluftpumpen mit getrennter Kondensatpumpe, elektrisch angetrieben,

    c) Naßluftpumpen mit Kolben, die Luft und Wasser gemeinsam absaugen und ebenfalls durch Elektromotor angetrieben werden.

Als Kühlwassserpumpen kommen fast ausnahmslos nur Schleuderpumpen in Frage, die entweder durch Hilfsturbine oder elektrisch angetrieben werden. Als Beispiel ist in Abb. 43 ein Kondensationspumpwerk der GMA mit Luftpumpe, Kühlwasserpumpe, elektr. Antriebsmotor und Kondensatpumpe auf gemeinsamer Grundplatte dargestellt. In besonderen Fällen, wenn z. B. Kühlwasser in unbegrenzter Menge zur Verfügung steht, verwendet man auch Strahlkondensatoren. Das Kühlwasser wird fast immer durch Kühltürme zurückgekühlt; das verdunstete Wasser ist durch Frischwasser zu ersetzen. Damit letzteres in den Kondensatorrohren keinen Kesselstein absetzt und dadurch das Vakuum verschlechtert, empfiehlt es sich, es durch eine Reinigungsanlage nach Art der Kesselspeisewasser-Reinigung gehen zu lassen.

Abb. 44 zeigt das Schema einer gesamten Kondensationsanlage der GMA, aus der auf die Größenverhältnisse der einzelnen Teile zu ersehen sind. Das Kondensat wird hier durch eine besondere Kondensatpumpe mit Motor h abgezogen. Die Kühlwasserpumpe b und die Luftpumpe o erhalten ihren Antrieb durch eine Hilfsturbine m. Der Frischdampf gelangt durch das Rohr d und den Wasserabscheider c in die Turbine; das warme Kühlwasser

Abb. 43. Kondensationspumpwerk der GMA.

durch die Leitung k in den Kühlturm. Für den Fall, daß die Kondensation außer Betrieb kommt, ist ein Auspuffventil g mit Auspuffrohr f vorgesehen.

Die Berechnung einer Kondensationsanlage kann wie folgt geschehen:

a) Die Kühlwassermenge für 1 kg Abdampf sei n kg; die Eintrittstemperatur des Kühlwassers sei t_e, seine Austrittstemperatur t_a. Letztere muß immer einige Grad tiefer liegen, als die Sättigungstemperatur des Dampfes bei dem gewünschten Vakuum beträgt z. B. der Barometerstand 750 mm Hg, der absolute Kondensatordruck 0,07 ata, d. h. 0,07 . 735 = 51 mm Hg, dann ist der Unterdruck 750 − 51 = 699 mm Hg = 93% des Barometerstandes = 95% von 735 mm Hg.

Die Sättigungstemperatur bei 0,07 ata ist $t_a = 33°$ C und die Temperatur des austretenden Kühlwassers darf dann höchstens $t'_a = 28$ bis 29° C betragen. Ohne Berücksichtigung der Strahlung und der Verluste ist dann die von n kg Kühlwasser aufgenommenen

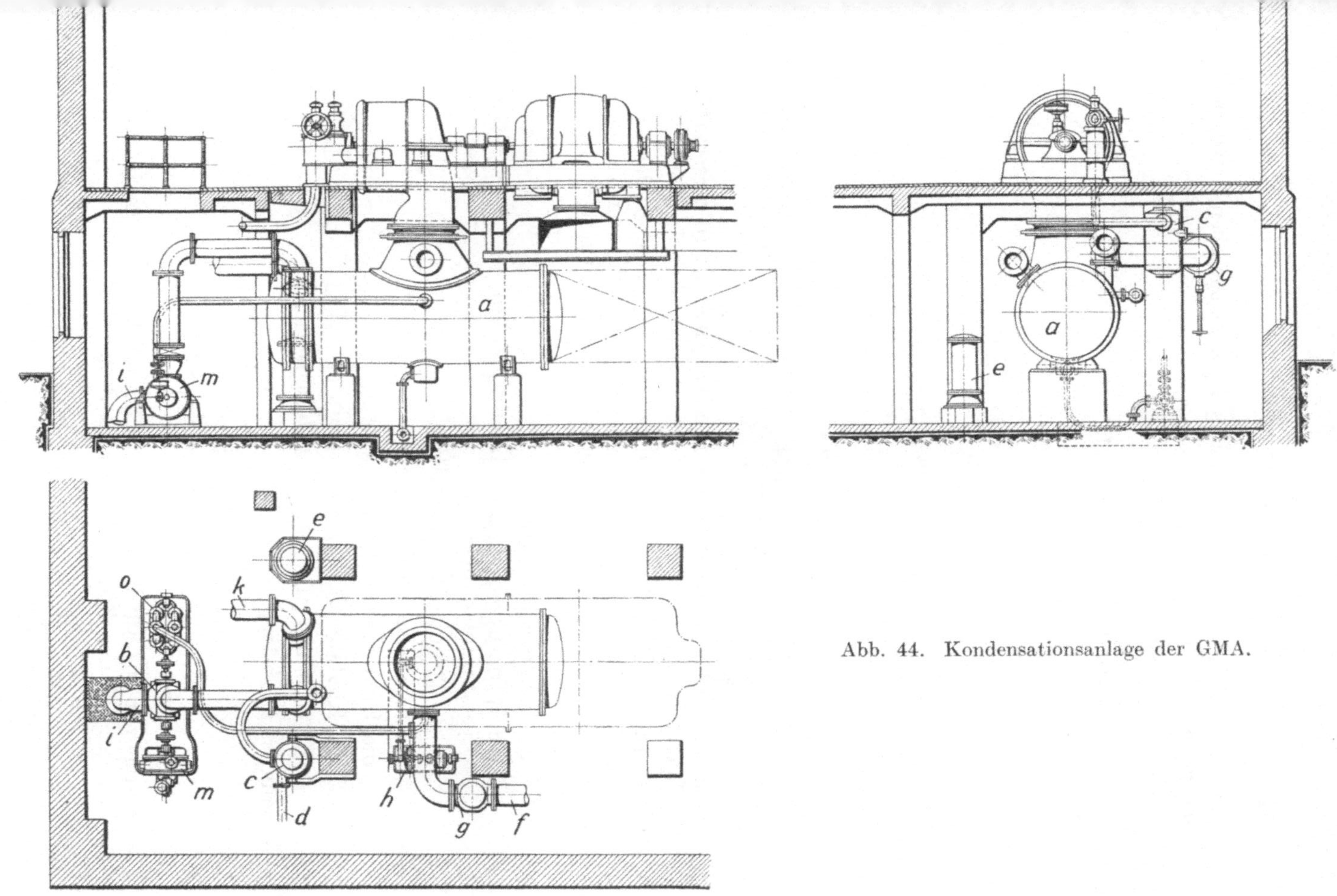

Abb. 44. Kondensationsanlage der GMA.

Wärmemenge W_1 gleich der von 1 kg Dampf abgegebenen Wärmemenge W_2. Es ist

$$W_1 = n\,(t'_a - t_e)$$

$$W_2 = 540 + 34 = 574.$$

Also

$$n\,(t'_a - t_e) = 574.$$

Hieraus

$$n = \frac{574}{t'_a - t_e}.$$

Ist z. B.

$$t'_a = 28°$$

$$t_a = 33°$$

$$t_e = 15°,$$

dann ist

$$n = \frac{574}{28 - 15} = 44.$$

Praktisch rechnet man etwa mit dem Doppelten der so berechneten Kühlwassermenge.

b) Die **Kühlfläche** des Kondensators ergibt sich aus der Überlegung, daß die an das Kühlwasser übertragene Wärmemenge gleich der durch die Kühlfläche hindurchgegangenen Wärmemenge ist. Bezeichnet man mit

F die Kühlfläche in qm,

k die Wärmedurchgangszahl im WE/qm/Std. für je 1° C Temperaturunterschied,

t'_a z. B. 33° die Dampfeintrittstemperatur,

t_a die Kondensataustrittstemperatur,

t_e die Kühlwassereintrittstemperatur,

t'_a die Kühlwasseraustrittstemperatur,

Q die stündlich abzugebende Wärmemenge,

dann ist angenähert

$$F = \frac{Q}{k\left(t'_a - \dfrac{t_a + t_e}{2}\right)}.$$

Beträgt z. B. die stündlich niederzuschlagende Dampfmenge 10 000 kg, dann ist mit den Zahlen des obigen Beispieles

$$Q = 10000 \cdot 574 = 5740000 \text{ WE}$$

k sei zu 2000 WE/qm/Std.1° C angenommen (Literaturangaben schwanken sehr)[1].

$$F = \frac{5\,740\,000}{2000\left(33 - \dfrac{28 + 15}{2}\right)} = 260 \text{ qm}.$$

Wegen der Unsicherheit von k bemißt man praktisch die Kühlfläche mit 0,02 bis 0,03 qm für je 1 kg stündlich niederzuschlagenden Dampfes; in obigem Beispiel würde demnach

$$F = 200 \text{ bis } 300 \text{ qm werden.}$$

---

[1] Nach Dr.-Ing. Melan für Messingrohre zwischen 2000 und 6000 WE/qm pro Std./1° C (Verlag Waldheim-Eberle, Leipzig-Wien).

Dritter Teil.

Berechnung der Dampfturbinen.

I. Formeln aus der Wärmelehre des Wasserdampfes[1].

Vorausgesetzt werden folgende Formeln:

1. Dampfgeschwindigkeit

$$c = \sqrt{2\,g\,\frac{k}{k-1}\,p_1\,v_1\left[1-\left(\frac{p}{p_1}\right)^{\frac{k-1}{k}}\right]}.$$

2. Kritische Dampfgeschwindigkeit

$$c_0 = \sqrt{2\,g\,\frac{k}{k+1}\,p_1\,v_1}.$$

Hier bedeutet:

p_1 den absoluten Dampfdruck vor der Expansion in kg/qm,
p den absoluten Dampfdruck nach der Expansion in kg/qm,
k das Verhältnis der spezifischen Wärmen, welches zu setzen ist

a) für Naßdampf: $k = 1{,}035 + 0{,}1\,x$, wobei mit x die spezifische Dampfmenge bezeichnet ist;

b) für trocken gesättigten Dampf: $k = 1{,}135$ (mit $x = 1{,}0$);

c) für Heißdampf: $k = 1{,}3$,

v_1 das spezifische Dampfvolumen in cbm/kg, welches zu entnehmen ist

a) für Naßdampf und trocken gesättigten Dampf aus der Zahlentafel für Wasserdampf S. 49, im ersteren Fall mit Berücksichtigung des Wassergehaltes;

b) für Heißdampf aus der Zustandsgleichung des überhitzten Dampfes:

---

[1] Entwicklung s. des Verfassers „Technische Wärmelehre der Gase und Dämpfe", 3. Aufl. Berlin: Julius Springer 1923.

$$v_1 = \frac{47\,T}{p} - \mathfrak{B} + 0{,}001 \qquad \text{(nach Mollier).}$$

Hierin ist

$$\mathfrak{B} = \left(\frac{273}{T}\right)^{\frac{10}{3}} \cdot 0{,}075\,.$$

Die Zahlenwerte für $\mathfrak{B}$ können aus folgender Zahlentafel entnommen werden:

Zahlentafel für $\mathfrak{B}$.

$t°\,\mathrm{C}$	$\mathfrak{B}$	$t°\,\mathrm{C}$	$\mathfrak{B}$	$t°\,\mathrm{C}$	$\mathfrak{B}$	$t°\,\mathrm{C}$	$\mathfrak{B}$
0	0,075	115	0,0232	230	0,0098	345	0,0049
5	0,071	120	0,0223	235	0,0095	350	0,0048
10	0,067	125	0,0214	240	0,0092	355	0,0047
15	0,063	130	0,0205	245	0,0089	360	0,0046
20	0,059	135	0,0197	250	0,0086	365	0,0044
25	0,056	140	0,0189	255	0,0083	370	0,0043
30	0,053	145	0,0181	260	0,0081	375	0,0042
35	0,050	150	0,0174	265	0,0078	380	0,0041
40	0,048	155	0,0168	270	0,0076	385	0,0040
45	0,045	160	0,0164	275	0,0074	390	0,0039
50	0,043	165	0,0155	280	0,0071	395	0,0038
55	0,041	170	0,0149	285	0,0069	400	0,0037
60	0,039	175	0,0144	290	0,0067	405	0,0036
65	0,037	180	0,0139	295	0,0065	410	0,0035
70	0,035	185	0,0134	300	0,0063	415	0,0034
75	0,033	190	0,0129	305	0,0062	420	0,0034
80	0,032	195	0,0124	310	0,0060	425	0,0033
85	0,030	200	0,0120	315	0,0058	430	0,0032
90	0,029	205	0,0116	320	0,0057	435	0,0031
95	0,028	210	0,0112	325	0,0055	440	0,0031
100	0,0265	215	0,0108	330	0,0053	445	0,0030
105	0,0355	220	0,0105	335	0,0052	450	0,0029
110	0,0243	225	0,0101	340	0,0051		

Für trocken gesättigten Dampf wird dann

$$c_0 = 3{,}23\,\sqrt{p_1\,v_1}\,.$$

Für Heißdampf ergibt sich

$$c_0 = 3{,}33\,\sqrt{p_1\,v_1}\,.$$

3. Kritisches Druckverhältnis

$$\frac{p_0}{p_1} = \left(\frac{2}{k+1}\right)^{\frac{k}{k-1}},$$

welches für trocken gesättigten Dampf

$$\frac{p_0}{p_1} = 0{,}577$$

und für **Heißdampf**

$$\frac{p_0}{p_1} = 0{,}545$$

wird.

4. **Die sekundlich durch den Querschnitt f qm strömende Dampfmenge (kg)**

$$G = f\sqrt{2\,g\,\frac{k}{k-1}\,\frac{p_1}{v_1}\left[\left(\frac{p}{p_1}\right)^{\frac{2}{k}} - \left(\frac{p}{p_1}\right)^{\frac{k+1}{k}}\right]}\,,$$

welche beim kritischen Druckverhältnis sich ergibt zu

$$G_0 = f\sqrt{2\,g\,\frac{k}{k+1}\left(\frac{p_0}{p_1}\right)^{\frac{2}{k}}\frac{p_1}{v_1}}\,.$$

Die erstere Formel vereinfacht sich

a) **für trocken gesättigten Dampf** zu

$$G = 1{,}99\,f\sqrt{\frac{p_1}{v_1}}\,,$$

b) **für Heißdampf** zu

$$G = 2{,}09\,f\sqrt{\frac{p_1}{v_1}}\,.$$

Dazu kommt

5. das **Molliersche J - S - Diagramm für Wasserdampf**[1]).

II. Die Lavalsche Düse.

a) Ohne Berücksichtigung der Dampfreibung.

Die theoretische Form der Düse ist in Abb. 45 dargestellt. Der senkrecht zur Dampfströmung gemessene Querschnitt ist kreisförmig oder besser quadratisch oder rechteckig. Die Überleitung des Querschnittes aus der Dampfkammer in den engsten Querschnitt f_0 erfolgt allmählich; f_0 ist nach der kritischen Geschwindigkeit zu bemessen und erweitert sich unter dem Winkel γ zum Austrittsquerschnitt f_2. Die strichpunktierte Linie und die Schraffur geben an, wie die Düse hinter dem kritischen Teil begrenzt und

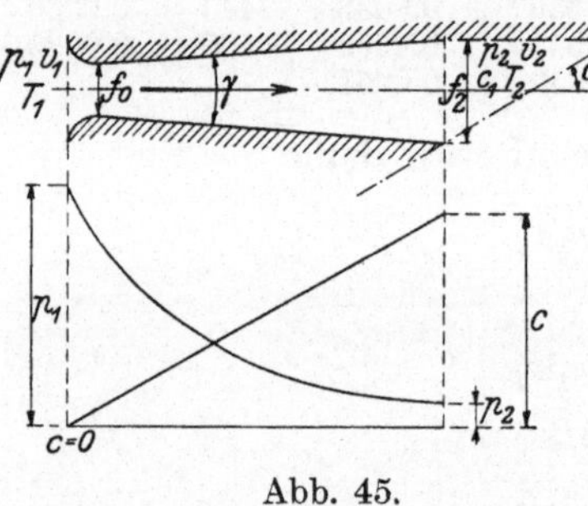

Abb. 45.

schräg abgeschnitten ist, um den Eintrittswinkel α für die Dampfgeschwindigkeit zu erreichen.

---

[1]) Die Verlagsbuchhandlung Julius Springer, Berlin hat s. Zt. auf meine Anregung eine für den praktischen Gebrauch recht handliche **Molliersche** J-S-Tafel in Sonderdruck herausgegeben.

Vor der Düse sei der Dampfzustand bestimmt durch
a) absoluten Druck p_1,
b) absolute Temperatur T_1.
Dazu ist jetzt berechenbar das spezifische Volumen v_1.

Zahlentafel für gesättigten Wasserdampf[1]).

| Absol. Druck | Tempe- ratur | Flüssig- keits- wärme für 1 kg | Verdampfungs- wärme für 1 kg | | Gesamt- wärme für 1 kg | Spezif. Gewicht | Spezif. Volumen |
| | | | innere | äußere | | | |
kg/qcm	° C	q	ϱ	$A\,p\,u$	i	kg/cbm	cbm/kg
0,02	17,1	17,1	553,8	31,98	602,9	0,01465	68,27
0,04	28,6	28,6	546,4	33,22	608,2	0,02820	35,46
0,06	35,8	35,8	541,8	33,99	611,5	0,04133	24,19
0,08	41,1	41,1	538,3	34,56	614,0	0,05420	18,45
0,10	45,4	45,4	535,5	35,02	615,9	0,06686	14,96
0,12	49,0	49,0	533,1	35,40	617,6	0,07937	12,60
0,15	53,6	53,6	530,1	35,88	619,6	0,09789	10,22
0,20	59,7	59,7	526,1	36,52	622,3	0,12830	7,797
0,25	64,6	64,6	522,9	37,02	624,5	0,1581	6,325
0,30	68,7	68,7	520,2	37,45	626,3	0,1876	5,331
0,35	72,3	72,3	517,8	37,81	627,8	0,2167	4,614
0,40	75,4	75,4	515,6	38,13	629,2	0,2456	4,072
0,50	80,9	80,9	512,0	38,67	631,5	0,3027	3,304
0,60	85,5	85,5	508,9	39,12	633,4	0,3590	2,785
0,70	89,3	89,5	506,1	39,51	635,1	0,4147	2,411
0,80	93,0	93,0	503,7	39,84	636,5	0,4699	2,128
0,90	96,2	96,2	501,5	40,15	637,8	0,5246	1,906
1,0	99,1	99,1	499,5	40,42	639,0	0,5790	1,727
1,1	101,8	101,8	497,6	40,68	640,1	0,6329	1,580
1,2	104,2	104,3	495,8	40,41	641,1	0,6865	1,457
1,4	108,7	108,9	492,6	41,31	642,8	0,7931	1,261
1,6	112,7	112,9	489,7	41,67	644,3	0,898	1,113
1,8	116,3	116,6	487,1	41,98	645,7	1,003	0,997
2,0	119,6	119,9	484,7	42,26	646,9	1,107	0,903
2,5	126,7	127,7	479,4	42,85	649,5	1,364	0,7341
3,0	132,9	133,4	474,8	43,34	651,6	1,618	0,6180
3,5	138,1	139,4	470,8	43,75	653,4	1,870	0,5352
4,0	142,9	143,7	467,0	44,09	654,9	2,120	0,4718
4,5	147,2	148,1	463,6	44,40	656,2	2,368	0,4224
5,0	151,1	152,2	460,5	44,66	657,3	2,614	0,3825
5,5	154,7	155,9	457,6	44,90	658,4	2,860	0,3497
6,0	158,1	159,4	454,8	45,12	659,3	3,104	0,3222
6,5	161,2	162,7	452,2	45,30	660,2	3,348	0,2987
7,0	164,2	165,7	449,7	45,48	660,9	3,591	0,2785
7,5	167,0	168,7	447,4	45,63	661,7	3,833	0,2609
8,0	169,6	171,4	445,1	45,77	662,3	4,075	0,2454
8,5	172,1	174,0	442,9	45,90	662,9	4,316	0,2317
9,0	174,5	176,6	440,8	46,02	663,4	4,556	0,2195
9,5	176,8	179,0	438,9	46,13	663,9	4,787	0,2085

[1]) Nach „Hütte" 25. Aufl. 1925.

Berechnung der Dampfturbinen.

Zahlentafel für gesättigten Wasserdampf (Fortsetzung).

| Absol. Druck | Temperatur | Flüssigkeitswärme für 1 kg | Verdampfungswärme für 1 kg | | Gesamtwärme für 1 kg | Spezif. Gewicht | Spezif. Volumen |
| | | | innere | äußere | | | |
kg/qcm	°C	q	ϱ	Apu	i	kg/cbm	cbm/kg
10,0	179,0	181,3	436,8	46,23	664,4	5,037	0,1985
11,0	183,2	185,7	433,1	46,41	665.2	5,516	0,1813
12,0	187,1	189,8	429.6	46,55	665,9	5,996	0,1668
13,0	190,7	193,6	426,2	46,68	666,6	6,474	0,1545
14,0	194,1	197,3	422,9	46,78	667,9	6,952	0,1438
15,0	197,4	200,7	419,8	46,87	667,4	7,431	0,1346
16,0	200,4	204,0	416,8	46,94	667,8	7,909	0,1264
18,0	206,2	210,1	411,2	47,04	668,3	8,868	0,1128
20,0	211,4	215,8	408,5	47,10	668,7	9,83	0,1017
22	216,2	221,0	400,8	47,12	668,9	10,79	0,0927
24	220,8	226,0	395,9	47,10	669,0	11,76	0,0850
26	225,0	230.6	391,3	47,07	669,0	12,74	0,0785
28	229,0	235,0	386,9	47,01	668,8	13,72	0,0729
30	232,8	239,1	382,6	46,92	668,6	14,70	0,06802
32	236,4	243,1	378,4	46,83	668,3	15,69	0,06372
34	239,8	246,9	374,4	46,71	668,0	16,69	0,05991
36	243,1	250,5	370,4	46,59	667,6	17,70	0,05651
38	246,2	254,1	366,6	46,45	667,1	18,71	0,05345
40	249,2	257,4	362,9	46,30	666,6	19,73	0,05069
42	252.1	260,7	359,1	46,14	666,0	20,76	0,04817
44	254,9	263,9	356,7	45,47	665,5	21,80	0,04588
46	257,6	266,9	352,1	45,79	664,8	22,84	0,04378
48	260,2	269,8	348,7	45,61	664,1	23,89	0,04185
50	262,7	272,7	345,2	45,41	663,4	24,96	0,04017
55	268,7	279,6	337,0	44,91	661,5	27,65	0,03616
60	274,3	286,1	329,1	44,35	659,5	30,41	0,03289
65	279,6	292,2	321,5	43,77	657,5	33,23	0,03009
70	284,5	298,0	314,1	43,16	655,3	36,12	0,02769
75	289,2	303,5	306,9	42,52	653,0	39,08	0,02559
80	293,6	308,8	299,9	41,87	650,6	42,13	0,02374
85	297,9	313,9	293,0	41,19	648,1	45,24	9,02210
90	301,9	319,0	286,2	40,49	645,6	48,45	0,02064
95	305,8	323,9	279,4	39,80	643,0	51,73	0,01933
100	309,5	328,7	272,7	39,07	640,5	55,11	0,01815

Man kann zunächst annehmen, daß die Expansion des Dampfes
adiabatisch erfolgt. Da die Adiabate im Mollierschen J - S - Diagramm durch eine senkrechte Gerade dargestellt ist, sucht
man nach Abb. 46 in diesem den Punkt A_1, der dem Dampfzustand
$p_1\,T_1$ entspricht und geht senkrecht herunter bis zu dem Punkt A_I,
der dem gewünschten Expansionsenddruck p_2 entspricht. Liegt
dieser oberhalb der Grenzkurve, dann ist der Dampfzustand

hinter der Düse bestimmt durch

a) absoluten Druck p_2,

b) absolute Temperatur T_2; dazu v_2 berechenbar.

Liegt der Expansionsenddruck unterhalb der Grenzkurve (Abb. 47), dann ist der neue Dampfzustand bestimmt durch

a) absoluten Druck p_2,

b) spezifische Dampfmenge x; dazu v_2 berechenbar.

Die Form und Länge der Düse ergibt sich aus

a) dem Erweiterungswinkel $\alpha \sim 10°$,

b) dem kleinsten Querschnitt f_0 und den Austrittsquerschnitt f_2.

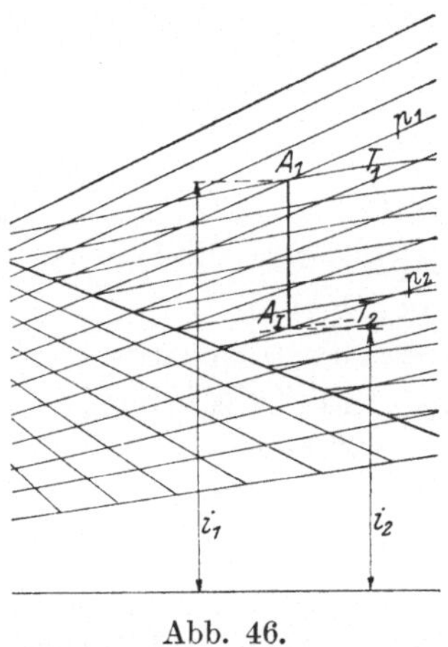

Abb. 46.

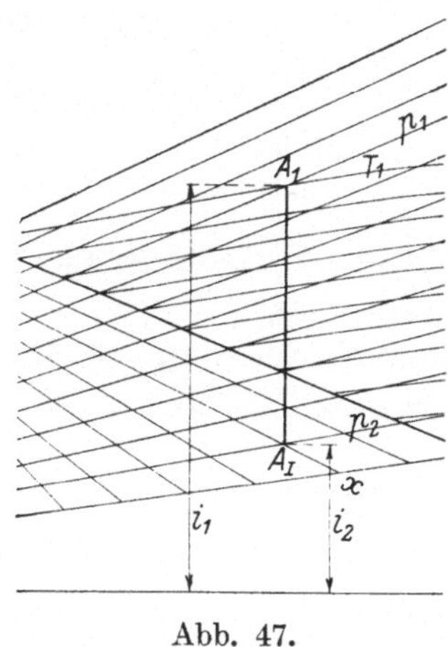

Abb. 47.

Die Dampfgeschwindigkeit beim Austritt aus der Düse wird aus dem adiabatischen Wärmegefäll mit Hilfe des Mollierdiagrammes wie folgt berechnet:

Der Wärmeinhalt beim Eintritt sei i_1

„ „ „ Austritt „ i_2,

dann ist das adiabatische Wärmegefäll $= i_1 - i_2$, das mit Berücksichtigung des Maßstabes unmittelbar in WE abgemessen werden kann (Strecke $A_1 A_I$ in Abb. 46 oder 47).

Die Energie von 1 kg Dampf beträgt demnach

$$L = \frac{1}{A}(i_1 - i_2)\ \mathrm{WE};$$

da auch $\qquad\qquad L = \frac{c_1^2}{2g}\ \mathrm{mkg}$ ist, so folgt

$$\frac{1}{A}\,(i_1 - i_2) = \frac{c_1^2}{2\,g},$$

hieraus die **Dampfgeschwindigkeit**

$$c_1 = \sqrt{2\,g\,\frac{i_1 - i_2}{A}} = 91{,}5\,\sqrt{i_1 - i_2}.$$

Die dem Wärmegefäll $(i_1 - i_2)$ entsprechenden Dampfgeschwindigkeiten können auch aus der dem Mollierdiagramm beigegebenen Skala unmittelbar abgegriffen werden.

Beispiel: Die Abmessungen einer Lavalschen Düse sind zu berechnen für

$$p_1 = 13 \text{ ata}$$
$$p_2 = 0{,}15 \text{ ata}$$
$$G = 0{,}3 \text{ kg/sek;}$$

a) für Sattdampf $(k = 1{,}135)$,
b) für Heißdampf von $t = 300°$ $(k = 1{,}3)$.

a) Für Sattdampf:

Kritischer Druck $p_0 = 0{,}577\ p_1 = 0{,}577 \cdot 13 = \mathbf{7{,}51\ ata.}$

Spezifisches Volumen $v_1 = \mathbf{0{,}156\ cbm/kg}$ (aus der Dampftafel).

Kritische Geschwindigkeit $c_0 = 3{,}23\,\sqrt{p_1 v_1} = 3{,}23\,\sqrt{130\,000 \cdot 0{,}156}$
$$= \mathbf{460\ m/sek.}$$

Kleinster Querschnitt: Aus der früheren Formel (S. 48)

$$G = 1{,}99\,f\,\sqrt{\frac{p_1}{v_1}}$$

folgt $\quad f_0 = \dfrac{G}{1{,}99\,\sqrt{\dfrac{p_1}{v_1}}} = \dfrac{0{,}3}{1{,}99\,\sqrt{\dfrac{130\,000}{0{,}156}}} = 0{,}000\,165\ \text{qm} = \mathbf{1{,}65\ qcm.}$

Austrittsgeschwindigkeit c_1: Aus dem Mollierdiagramm ergibt sich
$$i_1 - i_2 = 163{,}9 \text{ WE;}$$

also $\qquad c_1 = 91{,}5\,\sqrt{i_1 - i_2} = 91{,}5\,\sqrt{163{,}9} = \mathbf{1170\ m/sek.}$

Bei 0,15 ata ist das spez. Dampfvolumen lt. Mollierdiagramm $= 0{,}80$, also
$$v_2 = 0{,}80 \cdot 10{,}190 = 8{,}15 \text{ cbm/kg,}$$

demnach unter Vernachlässigung des Wasservolumens das sekundliche Austrittsvolumen $= 0{,}3 \cdot 8{,}15 = 2{,}45$ cbm. Hieraus Austrittsquerschnitt

$$f_2 = \frac{2{,}45}{c_1} = \frac{2{,}45}{1170} = 0{,}00209\ \text{qm} = \mathbf{20{,}9\ qcm.}$$

b) Für Heißdampf:

Kritischer Druck: $p_0 = 0{,}545\ p_1 = 0{,}545 \cdot 13 = \mathbf{7{,}08\ at\ abs.}$

Spezifisches Volumen: Aus der Zustandsgleichung

$$v = \frac{47\,T}{p} - \mathfrak{V} + 0{,}01$$

ergibt sich

$$v_1 = \frac{47 \cdot 573}{130\,000} - 0{,}0063 + 0{,}001 = 0{,}1997 \text{ cbm/kg.}$$

Kritische Geschwindigkeit $c_0 = 3{,}33 \sqrt{p_1\,v_1} = 3{,}33 \sqrt{130\,000 \cdot 0{,}1997}$

$$= \mathbf{533 \ m/sek.}$$

Kleinster Querschnitt $f_0 = \dfrac{G}{2{,}09\sqrt{\dfrac{p_1}{v_1}}} = \dfrac{0{,}3}{2{,}09\sqrt{\dfrac{130\,000}{0{,}1997}}} = 0{,}000\,176$ qm

$$= \mathbf{1{,}76 \ qcm.}$$

Austrittsgeschwindigkeit c_1: Aus dem Mollierdiagramm ergibt sich

$$i_1 - i_2 = 184 \text{ WE;}$$

also $\qquad c_1 = 91{,}5 \sqrt{i_1 - i_2} = 91{,}5 \sqrt{184} = \mathbf{1240 \ m/sek.}$

Bei 0,15 ata ist das spez. Dampfvolumen $= 0{,}915$, also

$$v_2 = 0{,}915 \cdot 10{,}190 = 9{,}32 \text{ cbm/kg.}$$

Sekundl. Austrittsvolumen $= 0{,}3 \cdot 9{,}32 = 2{,}795$ cbm.

Austrittsquerschnitt

$$f_2 = \frac{2{,}795}{c_1} = \frac{2{,}795}{1240} = 0{,}00225 \text{ qm} = \mathbf{22{,}5 \ qcm.}$$

b) Mit Berücksichtigung der Dampfreibung.

Infolge der Reibung des Dampfes an der Wandung der Düse vermindert sich die von jetzt an mit c_I zu bezeichnende theoretische Dampfgeschwindigkeit beim Austritt aus der Düse auf die wirkliche Geschwindigkeit c_1. Der Düsenverlust h_d betrage für 1 kg Dampf einen bestimmten Bruchteil ξ_d der theoretischen lebendigen Dampfenergie $\dfrac{c_I^2}{2\,g}$; dieser Verlust ist ferner gleich dem Unterschied

$$\frac{c_I^2}{2\,g} - \frac{c_1^2}{2\,g}$$

der theoretischen und der wirklichen Dampfenergie; also

$$h_d = \xi_d \frac{c_I^2}{2\,g} = \frac{c_I^2}{2\,g} - \frac{c_1^2}{2\,g}.$$

Die diesem Verlust entsprechende Wärmemenge geht als Reibungswärme wieder an den Dampf über.

Aus der letzten Gleichung folgt:

Wirkliche Dampfgeschwindigkeit $c_1 = c_I \sqrt{1 - \xi_d}.$

Setzt man
$$c_1 = \varphi_d\, c_I,$$
dann ist
$$\varphi_d = \sqrt{1 - \xi_d}.$$

Der Energieverlust durch Reibung beträgt je nach Länge der Düse 5—15%, im Mittel 10% der theoretischen Ausströmungsenergie, also
$$\xi_d = 0{,}05\text{—}0{,}15, \text{ im Mittel } 0{,}10,$$

also $\varphi_d = \sqrt{1 - 0{,}05}$ bis $\sqrt{1 - 0{,}15} = 0{,}975$ bis $0{,}92$, im Mittel **0,95.**

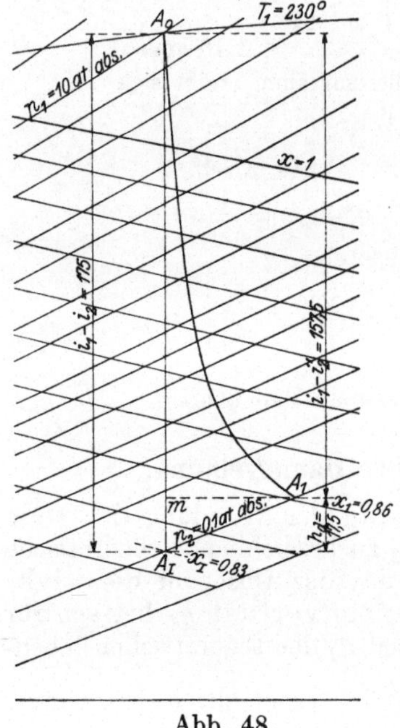

Abb. 48.

Der Düsenverlust wird nach Abb. 48 wie folgt in das Mollierdiagramm übertragen: Der dem Dampfzustand $p_1 T_1$ entsprechende Punkt sei A_0; der adiabatischen Expansion auf den Druck p_2 entspricht die Senkrechte $A_0 A_I$, also das Arbeitsvermögen des mit der Geschwindigkeit c_I ohne Reibung aus der Düse strömenden Dampfes
$$A_0 A_I = i_1 - i_2 \text{ in WE oder } \frac{c_I^2}{2g}$$
in mkg für 1 kg Dampf.

Durch die Reibung werde der Betrag
$$A_I m = \xi_d \frac{c_I^2}{2g} \text{ in mkg}$$

in Wärme zurückverwandelt. Bezeichnet man den wirklichen Wärmeinhalt von 1 kg des austretenden Dampfes mit i_2', dann beträgt der Reibungsverlust
$$A_I m = (i_1 - i_2) - (i_1 - i_2')$$
$$= i_2' - i_2 \text{ WE.}$$

Zieht man durch m eine Wagerechte, dann wird die p_2-Kurve in A_1, dem wirklichen Expansionsendpunkt geschnitten. Die Expansion ist also nicht mehr rein adiabatisch, sondern folgt der Kurve $A_0 A_1$, deren Form für die Berechnung gleichgültig ist, weil es nur auf den Endpunkt A_1 ankommt. Das in Reibungsarbeit umgesetzte Wärmegefäll ist also
$$A_0 m = i_1 - i_2'.$$

Die Reibungswärme ist dazu verwendet worden, die spezifische Dampfmenge x_I auf x_1 zu erhöhen, also einen Teil des im Dampf enthaltenen Wassers zu verdampfen.

Beispiel: Gegeben: $p_1 = 10$ ata.,

$$p_2 = 0,1 \text{ ata.},$$
$$t_1 = 230°;$$
$$\text{also } T_1 = 503°.$$

Gesucht: c_1, v_2 und x_1.

Theoretisch ist nach Abb. 48

$$A_0 A_I = i_1 - i_2 = 175 \text{ WE};$$

hieraus

$$c_I = 91,5 \sqrt{175} = 1210 \text{ m/sek.}$$

In Wirklichkeit wird für den angenommenen Energieverlustsatz

$$\xi_d = 0,1 \quad \text{und}$$
$$\varphi_d = 0,95,$$
$$c_1 = \varphi_d \cdot c_I = 0,95 \cdot 1210 = \mathbf{1150 \ m/sek.}$$

Die spezifische Dampfmenge ist

$$\text{theoretisch } x_I = 0,83,$$
$$\text{wirklich } x_1 = 0,86,$$

also wird das spezifische Dampfvolumen, das für Sattdampf von 0,1 ata 14,92 cbm/kg beträgt,

$$v_2 = 0,86 \cdot 14,92 = \mathbf{12,8 \ cbm/kg.}$$

III. Energieumsatz im Laufrad.

In Abb. 49 sind die Geschwindigkeitsverhältnisse nochmals dargestellt. Der Dampf tritt unter dem Winkel α_1 in das Laufrad ein, strömt mit der aus der absoluten Eintrittsgeschwindigkeit c_1 und der Umfangsgeschwindigkeit u sich ergebenden Relativgeschwindigkeit w_1 die Schaufel entlang (Schaufelanfang tangential an w_1 anschließend, Winkel β_1), und verläßt die Schaufel mit der Relativgeschwindigkeit w_2 (Winkel β_2, ohne Reibung wäre $w_2 = w_1$), die sich mit u zur absoluten Austrittsgeschwindigkeit c_2 zusammensetzt (Winkel α_2). Die Geschwindigkeitsparallelogramme werden nach Abb. 50 zweckmäßig durch Dreiecke ersetzt, wobei zu beachten ist, daß bei der Konstruktion von Relativgeschwindigkeiten die Umfangsgeschwindigkeit u entgegen der Drehrichtung anzutragen ist ($-u$). Zugleich sind hier die Komponenten c_{1u}, sowie c_{2u} und c_{2a}, w_{1u} und

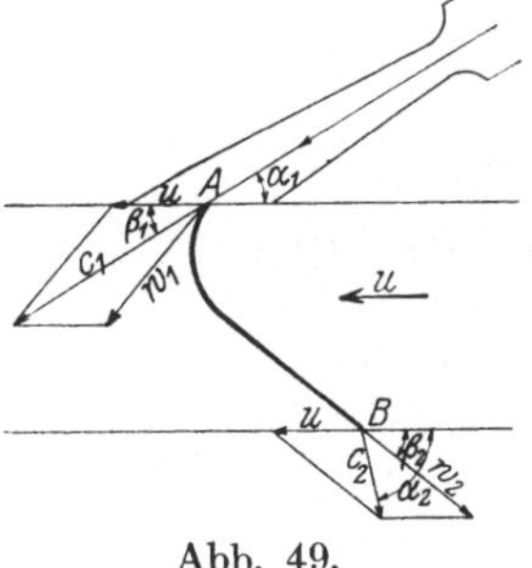

Abb. 49.

w_{2u} eingetragen. Zur praktischen Aufzeichnung von Geschwindigkeitsplänen schlägt man nach Abb. 51 das Austrittsdreieck nach der linken Seite herum, was dann besonders zweckmäßig ist, wenn $\beta_2 = \beta_1$ gemacht wird.

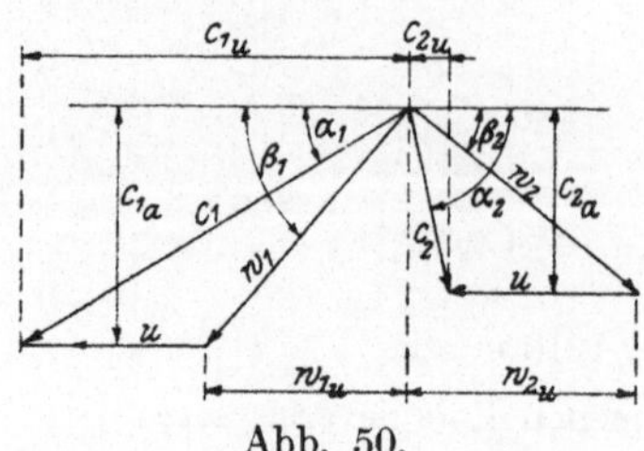

Abb. 50.

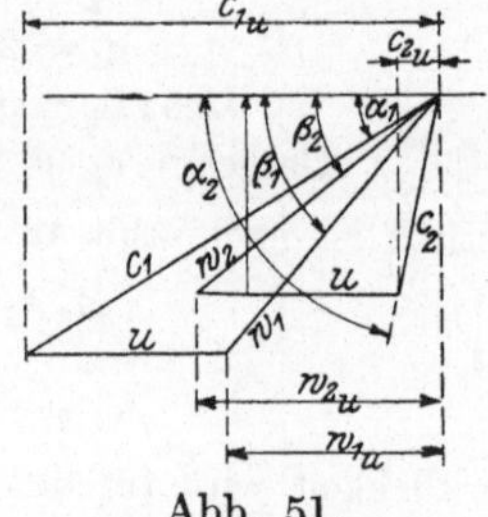

Abb. 51.

a) Verluste.

Die lebendige Energie von 1 kg Dampf beim Eintritt in das Laufrad ist theoretisch

$$H_{\mathrm{I}} = \frac{c_I^2}{2\,g}.$$

Davon ist abzuziehen:

a) der oben berechnete Düsenverlust h_d,

b) der Schaufelverlust h_s,

c) der Austrittsverlust h_a,

d) der Radreibungs- und Ventilationsverlust $h_r + h_v$.

a) Der Düsenverlust beträgt

$$h_d = \xi\,\frac{c_I^2}{2\,g}.$$

b) Der Schaufelverlust entsteht durch Reibung des Dampfes an den Laufradschaufeln und bewirkt die Verminderung der Relativgeschwindigkeit w_1 auf w_2; es ist also

$$h_s = \frac{w_1^2}{2\,g} - \frac{w_2^2}{2\,g} = \xi_s\,\frac{w_1^2}{2\,g} \text{ in mkg}$$

oder

$$= A\,\xi_s\,\frac{w_1^2}{2\,g} \text{ in W E}$$

gesetzt. Hieraus folgt

$$w_2 = w_1\,\sqrt{1 - \xi_s} = \varphi_s\,w_1$$

gesetzt.

Angenäherte Zahlenwerte für ξ_s und φ_s:

1. für $w_1 >$ kritische Geschwindigkeit: $\xi_s = 0{,}55 \sim 0{,}41$,
$$\varphi_s = 0{,}67 \sim 0{,}77,$$

2. für $w_1 <$ kritische Geschwindigkeit: $\xi_s = 0{,}41 \sim 0{,}25$,
$$\varphi_s = 0{,}77 \sim 0{,}87.$$

Auch dieser Verlust erscheint als Reibungswärme im Dampf wieder.

c) Der **Austrittsverlust** ist die lebendige Energie des mit der Geschwindigkeit c_2 austretenden Dampfes, also

$$h_a = \frac{c_2^2}{2\,g}\,.$$

d) Der **Radreibungsverlust** h_r entsteht durch Reibung des Laufrades an dem Dampf, der die Zwischenräume zwischen Laufrad und Gehäuse erfüllt.

Der **Ventilationsverlust** h_v entsteht durch Wirbelbildungen des Dampfes.

Da die beiden letztgenannten Verluste nur klein sind und in der Schätzung der übrigen Verluste doch eine gewisse Unsicherheit liegt, seien sie zunächst vernachlässigt.

b) Innerer Wirkungsgrad.

Zieht man die Verluste von der verfügbaren theoretischen Arbeit H_I ab, so erhält man die sog. **innere Arbeit L_i**, die früher wegen der Analogie mit der indizierten Leistung der Kolbenmaschine als indiziert bezeichnet wurde; also

$$L_i = (H_I - h_d) - h_s - h_a$$

oder

$$L_i = \left(\frac{c_I^2}{2\,g} - \frac{\xi_d c_I^2}{2\,g}\right) - \left(\frac{w_1^2}{2\,g} - \frac{w_2^2}{2\,g}\right) - \frac{c_2^2}{2\,g}$$

$$= \frac{1}{2\,g}\left[c_I^2(1 - \xi_d) - (w_1^2 - w_2^2) - c_2^2\right];$$

da nach einer früheren Gleichung

$$c_I\sqrt{1 - \xi_d} = c_1 = \text{wirkliche Eintrittsgeschwindigkeit}$$

ist, so folgt:

$$\boldsymbol{L_i = \frac{1}{2\,g}\left[c_1^2 - (w_1^2 - w_2^2) - c_2^2\right]\,.}$$

Der Quotient

$$\eta_i = \frac{\text{Innere Arbeit}}{\text{Verfügbare Arbeit}} = \frac{L_i}{H_I} \quad \text{heißt } \textbf{innerer Wirkungsgrad.}$$

Der Ausdruck für L_i läßt sich mit Beziehung auf Abb. 51 wie folgt umformen:

1. Aus dem mit c_1, u und w_1 gezeichneten Geschwindigkeitsdreieck ergibt sich:

$$w_1^2 = c_1^2 + u^2 - 2\,c_1\,u\cos\alpha_1 = c_1^2 + u^2 - 2\,c_{1_u}\cdot u.$$

2. Aus dem zweiten Geschwindigkeitsdreieck geht hervor:

$$c_2^2 = u^2 + w_2^2 - 2\,u\,w_2\cos\beta_2 = u^2 + w_2^2 - 2\,u\,(c_{2_u} + u);$$

hieraus
$$w_2^2 = c_2^2 - u^2 + 2\,u\,(c_{2_u} + u).$$

Die Werte für w_1^2 und w_2^2 werden in die Gleichung für L_i eingesetzt:

$$L_i = \frac{1}{2g}\,[c_1^2 - ([c_1^2 + u^2 - 2\,c_{1_u}\cdot u] - [c_2^2 - u^2 + 2\,u\,(c_{2_u} + u)]) - c_2^2]$$

$$= \frac{u}{g}\,(c_{1_u} + c_{2_u}).$$

Damit wird

$$\eta_i = \frac{L_i}{H_I} = \frac{\dfrac{u}{g}\,(c_{1_u} + c_{2_u})}{\dfrac{c_I^2}{2g}} = \frac{2\,u}{c_I^2}\,(c_{1_u} + c_{2_n}).$$

Ist c_{2_u} nach der entgegengesetzten Seite gerichtet, dann ist in der obigen Gleichung für c_2^2 einzusetzen:

$$w_2\cos\beta_2 = u - c_{2_u};$$

d. h. in den Gleichungen für L_i und η_i erhält c_{2_u} das negative Vorzeichen; es ist also allgemein:

$$\boldsymbol{L_i = \frac{u}{g}\,(c_{1_u} \pm c_{2_u})}$$

und
$$\boldsymbol{\eta_i = \frac{2\,u}{c_I^2}\,(c_{1_u} \pm c_{2_u}).}$$

Es ist noch zu untersuchen, wie groß die Umfangsgeschwindigkeit u im Verhältnis zur Dampfeintrittsgeschwindigkeit c_1 und der Eintrittswinkel α_1 zu wählen ist, damit η_i möglichst groß wird.

Macht man beispielsweise **Ein- und Austrittswinkel der Laufschaufeln gleich**, dann ist zu setzen:

$$\beta_1 = \beta_2.$$

Ferner ist nach Abb. 51

$$c_{1_u} = c_1\cos\alpha_1;$$

$$c_{2_u} = w_2\cos\beta_2 - u = \varphi_s\,w_1\cos\beta_1 - u = \varphi_s\,(c_1\cos\alpha_1 - u) - u \quad \text{und}$$

$$c_1 = \varphi_d\,c_I; \quad \text{also } c_I = \frac{c_1}{\varphi_d}.$$

Die Werte für c_{1_u}, c_{2_u} und c_I werden in die Gleichung für η_i eingesetzt:

$$\eta_i = \frac{2\,u}{\left(\dfrac{c_1}{\varphi_d}\right)^2}\left[c_1 \cos\alpha_1 + \varphi_s\,(c_1 \cos\alpha_1 - u) - u\right]$$

$$= \frac{2\,u\,\varphi_d^2}{c_1^2}\,c_1\left[\cos\alpha_1 + \varphi_s\left(\cos\alpha_1 - \frac{u}{c_1}\right) - \frac{u}{c_1}\right]$$

$$= 2\,\varphi_d^2 \cdot \frac{u}{c_1}\,(1 + \varphi_s)\left(\cos\alpha_1 - \frac{u}{c_1}\right).$$

Setzt man $\qquad 2\,\varphi_d^2\,(1 + \varphi_s) = a$,

$$\frac{u}{c_1} = x$$

und $\qquad \cos\alpha_1 = b$,
dann wird

$$\eta_i = a\,x\,(b - x) = a\,b\,x - a\,x^2.$$

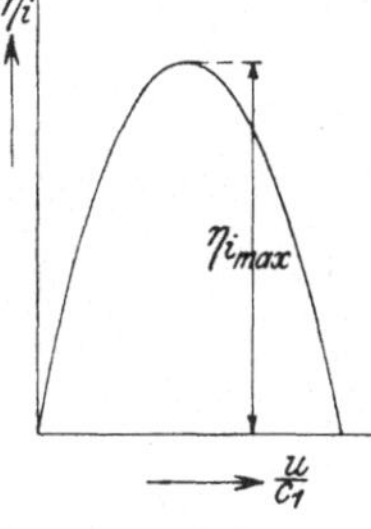

Abb. 52.

Diese Gleichung stellt eine Parabel mit senkrechter Achse dar, deren Abszissen $x = \dfrac{u}{c_1}$ und deren Ordinaten η_i sind (Abb. 52). Den größten Wirkungsgrad erhält man durch Differenzieren der Funktion η_i nach x und Nullsetzen des Differentialquotienten:

$$\frac{d\,\eta_i}{d\,x} = a\,b - 2\,a\,x = 0\,;$$

hieraus: $\qquad\qquad x = \dfrac{b}{2}$,

oder nach Einsetzen der früheren Werte:

$$\frac{u}{c_1} = \frac{\cos\alpha_1}{2}.$$

Mit diesem Wert wird

$$\eta_{i\,\max} = 2 \cdot \frac{\cos\alpha_1}{2}\,\varphi_d^2\,(1 + \varphi_s)\left(\cos\alpha_1 - \frac{\cos\alpha_1}{2}\right)$$

$$= \frac{\varphi_d^2}{2}\,\cos^2\alpha_1\,(1 + \varphi_s)\,.$$

Im Grenzfall würde $\alpha_1 = 0$, $\cos\alpha_1 = 1$ und damit

$$\frac{u}{c_1} = \frac{1}{2}$$

werden; mit wachsendem α_1 nimmt u und η_i ab; gewöhnlich wählt man die Umfangsgeschwindigkeit gleich der Hälfte bis $^1/_3$ der Dampfeintrittsgeschwindigkeit, also

$$\frac{u}{c_1} = \frac{1}{2} \text{ bis } \frac{1}{3}.$$

Eine Übersicht über die Verhältnisse gibt folgende Zahlenrechnung:

Für reibungsfreie Strömung ($\varphi_d = \varphi_s = 1$) wird mit

$$c_1 = 1000 \text{ m/sek}$$

für

$\alpha_1 = 0°$	$10°$	$20°$
$\eta_{i\max} = 1$	$0{,}97$	$0{,}89$
$\dfrac{u}{c_1} = 0{,}5$	$0{,}49$	$0{,}47$
$u = 500$	490	470

Läßt man, da diese Geschwindigkeiten unausführbar sind, als größte Umfangsgeschwindigkeit 330 m/sek zu, also $\dfrac{u}{c_1} = \dfrac{1}{3}$, dann wird

für

$\alpha_1 = 10°$	$20°$
$\eta_i = 0{,}87$	$0{,}81$

Diese Zahlen haben nur theoretischen Wert, da die Verluste nicht berücksichtigt sind.

Weitere Zahlenangaben enthält das später durchgerechnete Beispiel.

c) Effektiver Wirkungsgrad und Dampfverbrauch.

Zu den bisher betrachteten Verlusten kommen noch die Triebwerksverluste, also Lager- und Stopfbüchsenreibung, Arbeit des Reglers, der Ölpumpen usw., die ihren Ausdruck im mechanischen Wirkungsgrad η_m finden; es ist

$$\eta_m = \frac{L_e}{L_i},$$

wobei L_e die an der Welle gemessene Arbeit ist.

Man bezeichnet das Produkt aus dem inneren und dem mechanischen Wirkungsgrad als effektiven oder thermodynamischen Wirkungsgrad

$$\eta_e = \eta_i \cdot \eta_m = \frac{L_i}{H_I} \cdot \frac{L_e}{L_i} = \frac{L_e}{H_I}.$$

Beträgt das stündliche Wärmeäquivalent für 1 PS 632 WE und der stündliche Dampfverbrauch für 1 PS G_{std} kg, dann kann man setzen

$$L_e = 632 \text{ WE},$$
$$H_I = G_{std}(i_1 - i_2);$$

also

$$\eta_e = \frac{632}{G_{std}(i_1 - i_2)},$$

hieraus der stündliche Dampfverbrauch für 1 PS

$$G_{std} = \frac{632}{\eta_e(i_1 - i_2)}.$$

Dann wird bei der Leistung N_e in PS die sekundliche Dampfmenge G_{sek}

$$G_{sek} = \frac{632\,N_e}{\eta_e(i_1 - i_2)\,3600}.$$

Drückt man die am Wattmeter gemessene Leistung in KW aus und bezeichnet man den Wirkungsgrad der Dynamo mit η_d, dann ist die sekundliche Dampfmenge $\dfrac{1{,}36}{\eta_d}$ mal so groß.

d) Berechnung der einstufigen Gleichdruckturbine.

Das verfügbare Wärmegefäll $H_I = i_1 - i_2$ ist aus dem Mollierdiagramm zu entnehmen; nach Wahl der Koeffizienten ξ_d und φ_d für die Düsen ergibt sich die wirkliche Eintrittsgeschwindigkeit c_1. Die Umfangsgeschwindigkeit u wird so gewählt, daß η_e möglichst groß wird, aber stets $u < 400$ m/sek.

Ferner kann man annehmen:

Eintrittswinkel $\alpha_1 = 10°$ bis $20°$,

Laufraddurchmesser aus

$$u = \frac{d\,\pi\,n}{60}$$

zu

$$d = \frac{60\,u}{\pi\,n},$$

wenn n gegeben ist.

Beispiel: Eine Laval-Auspuffturbine mit $N_e = 25$ PS und $n = 15\,000$ ist für anfänglich trocken gesättigten Dampf von 13 at abs. zu berechnen.

Verfügbares adiabatisches Wärmegefälle nach dem Mollierdiagramm (Abb. 53) zwischen 13 ata (auf der Grenzkurve $x = 1$) und 1 ata

$$H_I = i_1 - i_2 = 104 \text{ WE}$$

Hieraus theoretische Dampfgeschwindigkeit $c_I = 930$ m/sek.

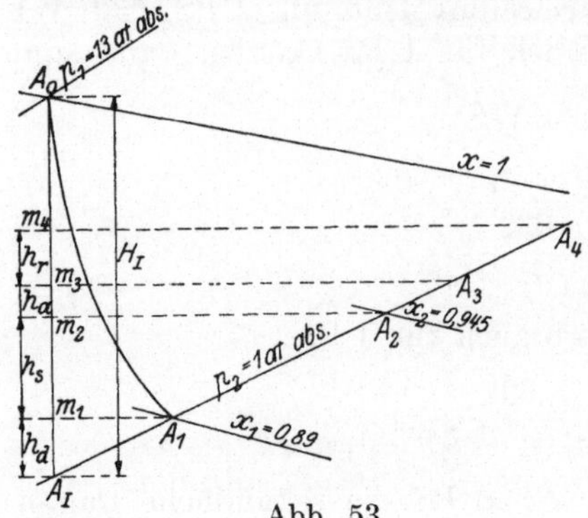

Abb. 53.

Angenommen: $\xi_d = 0,15$ und $\varphi_d = 0,92$; also wirkliche **Dampfgeschwindigkeit**

$$c_1 = 0,92 \cdot c_I = 0,92 \cdot 930$$
$$= \mathbf{855 \text{ m/sek.}}$$

Weitere Annahmen:

$$\eta_m = 0,85,$$
$$\xi_s = 0,55,$$
$$\varphi_s = 0,67,$$
$$\alpha_1 = 20°,$$
$$\beta_1 = \beta_2,$$
$$\frac{u}{c_1} = \frac{1}{4};$$
$$u = \frac{c_1}{4} = \frac{855}{4} = \mathbf{214 \text{ m/sek.}}$$

Damit wird der innere Wirkungsgrad

$$\eta_i = 2\,\varphi_d^2\,\frac{u}{c_1}\,(1 + \varphi_s)\left(\cos\alpha_1 - \frac{u}{c_1}\right)$$
$$= 2 \cdot 0,92^2 \cdot \frac{1}{4}\,(1 + 0,67)\left(\cos 20° - \frac{1}{4}\right) = \mathbf{0,49}.$$

Der effektive Wirkungsgrad

$$\eta_e = \eta_i \cdot \eta_m = 0,49 \cdot 0,85 = \mathbf{0,42}.$$

Bei verschiedenen Annahmen von $\dfrac{u}{c_1}$ ergibt sich in ähnlicher Weise folgende Zusammenstellung:

$\dfrac{u}{c_1} =$	0,225	**0,25**	0,275	0,3	0,325
$u =$	192	**214**	235	557	278
$\eta_i =$	0,46	**0,49**	0,52	0,54	0,57
$\eta_e =$	0,39	**0,42**	0,44	0,46	0,48

Mittlerer Laufraddurchmesser (bis zur radialen Schaufelmitte)

$$d = \frac{60\,u}{\pi\,n} = \frac{60 \cdot 214}{\pi \cdot 15\,000}$$
$$= 0,27 \text{ m} = \mathbf{270 \text{ mm.}}$$

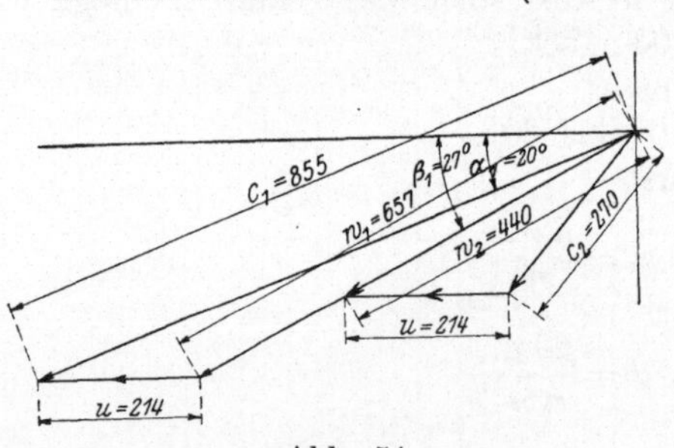

Abb. 54.

Wegen sonstiger Verluste sei der **effektive Wirkungsgrad** nicht wie oben zu 0,42, sondern zu

$$\eta_e = \mathbf{0,35}$$

angenommen.

Dampfverbrauch für 1 PS-Std.

$$G_{\text{std}} = \frac{632}{\eta_e\,(i_1 - i_2)} = \frac{632}{0,35 \cdot 104}$$
$$= \mathbf{17,4 \text{ kg.}}$$

Sekundliche Dampfmenge

$$G_{\text{sek}} = \frac{G_{\text{std}} \cdot N_e}{3600} = \frac{17,4 \cdot 25}{3600}$$
$$= 0,12 \text{ kg}.$$

Aus dem Geschwindigkeitsplan (Abb. 54) ergibt sich noch:

$$w_1 = 657 \text{ m/sek},$$
$$w_2 = \varphi_s \cdot w_1 = 0,67 \cdot 657 = 440 \text{ m/sek},$$
$$c_2 = 270 \text{ m/sek},$$
$$\beta_1 = 27°.$$

Berechnung der Verluste, die in das Mollierdiagramm (Abb. 53) eingetragen werden:

Düsenverlust $\qquad h_d = \xi_d \cdot H_I = 0,15 \cdot 104 = 15,6 \text{ WE} = \text{Strecke } A_I - m_1$

Schaufelverlust $\qquad h_s = \xi_s \cdot \dfrac{w_1^2}{2\,g} \cdot A = 0,55 \cdot \dfrac{657^2}{2\,g} \cdot \dfrac{1}{427} = 28,4 \text{ WE}$
$$= \text{Strecke } m_1\, m_2.$$

Austrittsverlust $\qquad h_a = \dfrac{c_2^2}{2\,g} \cdot A = \dfrac{270^2}{2\,g} \cdot \dfrac{1}{427} = 8,7 \text{ WE} = \text{Strecke } m_2\, m_3.$

Die sonstigen Verluste werden als Restverlust gegenüber 100% berechnet = Strecke $m_3\, m_4$.

Hieraus entsteht folgende

Wärmebilanz:

	%	WE
Nutzleistung	35,0	36,4
Düsenverlust	15,0	15,6
Schaufelverlust	27,3	28,4
Austrittsverlust	8,4	8,7
Sonstige Verluste (Rest)	14,3	14,9
Wärmegefäll H_I:	100,0	104,0

Düsenberechnung wie früher. Ferner angenommen:
Radiale Schaufellänge $l = 20$ mm.
Axiale Schaufelbreite $b = 15$ mm.
Krümmungsradius der Schaufeln $0,6\, b = 0,6 \cdot 15 = 9$ mm.

$$\text{Schaufelteilung } t = \frac{r}{2 \sin \beta_1} = \frac{9}{2 \sin 27} = 10 \text{ mm}.$$

$$\text{Anzahl der Schaufeln } z = \frac{d\,\pi}{t} = \frac{27,0 \cdot \pi}{1,0} = 85.$$

Aus dem Mollierdiagramm ergibt sich ferner die spezifische Dampfmenge x und das spezifische Volumen v wie folgt:
a) bei Verlassen der Düsen (Punkt A_1):

$$x_1 = 0,89 \qquad v_1 = 0,89 \cdot 1,722 = 1,53 \text{ cbm/kg};$$

b) bei Verlassen des Laufrades (Punkt A_2):

$$x_2 = 0,945 \qquad v_2 = 0,945 \cdot 1,722 = 1,63 \text{ cbm/kg}.$$

e) Berechnung der Gleichdruckturbine mit Geschwindigkeitsstufung.

Ihre Wirkungsweise ist im 1. Teil auseinandergesetzt. Der Schaufelplan und die Geschwindigkeitsdreiecke für drei Geschwindigkeitsstufen sind mit den in der folgenden Berechnung angewandten Bezeichnungen in Abb. 55 nochmals dargestellt.

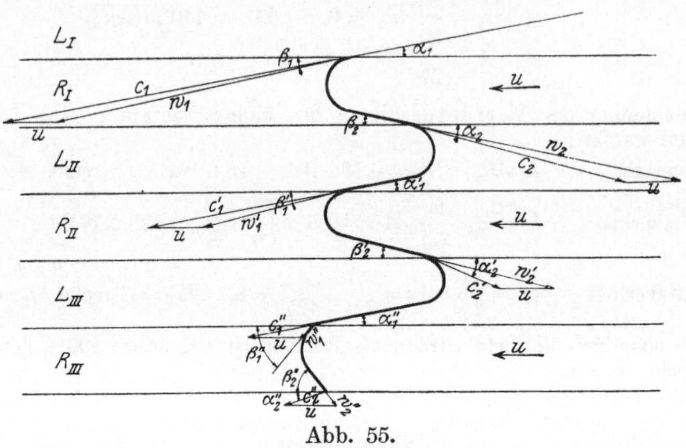

Abb. 55.

Wie S. 58 entwickelt, war der innere Wirkungsgrad

$$\eta_i = \frac{2\,u}{c_I^2}\,(c_{1_u} + c_{2_u}).$$

Mit den Umfangskomponenten $c'_{1_u}\,c'_{2_u}$ usw. ergibt sich für die mehrstufige Turbine sinngemäß:

$$\eta_i = \frac{2\,u}{c_I^2}\,\big(c_{1_u} + c_{2_u} + c'_{1_u} + c'_{2_u} + c''_{1_u} + c''_{2_u} + \cdots\big).$$

Das jeweils letzte Glied c''_{2_u} usw. kann auch negativ werden.

Die Verluste werden für die Düsen, Laufschaufeln und Umkehr- (Leit-) Schaufeln nach den früher angegebenen Formeln einzeln berechnet, also

$$\text{Düsenverlust } h_d = \xi_d \frac{c_I^2}{2\,g} \cdot A \text{ in } L_I,$$

$$1.\ \text{Schaufelverlust } h_{s_1} = \xi_s \frac{w_1^2}{2\,g} \cdot A \text{ in } R_I,$$

$$1.\ \text{Umlenkverlust } h_{s_2} = \xi_s \frac{c_2^2}{2\,g} \cdot A \text{ in } L_{II},$$

$$2.\ \text{Schaufelverlust } h_{s_3} = \xi_s \frac{w_1'^2}{2\,g} \cdot A \text{ in } R_{II},$$

$$2.\ \text{Umlenkverlust}\quad h_{s_4} = \xi_s \frac{c_2'^{\,2}}{2\,g} \cdot A \ \text{in}\ L_{III},$$

$$3.\ \text{Schaufelverlust}\quad h_{s_5} = \xi_s \frac{w_1''^{\,2}}{2\,g} \cdot A \ \text{in}\ R_{III}\ \text{usw.}$$

$$\text{Austrittsverlust}\quad h_a = \frac{c_2''^{\,2}}{2\,g} \cdot A.$$

Im übrigen ist der Rechnungsgang wie bei der einstufigen Turbine, nur die Umfangsgeschwindigkeit wird bedeutend kleiner gewählt.

Beispiel: Die Turbine des letzten Beispiels ist als dreikränzige Curtis-Turbine zu berechnen mit $n = 3000$.

Es ist wie früher:

$$N_e = 25\ \text{PS}$$
$$H_I = 104\ \text{WE}$$
$$c_I = 930\ \text{m/sek}$$
$$c_1 = 855\ \text{m/sek.}$$

Die Umfangsgeschwindigkeit sei angenommen zu

$$u = \frac{c_I}{10} = \frac{930}{10} = \textbf{93 m/sek.}$$

Mittlerer Laufraddurchmesser:

$$d = \frac{60\,u}{\pi\,n} = \frac{60 \cdot 93}{\pi \cdot 3000} = 0{,}59\ \text{m} = \textbf{590 mm.}$$

Hierauf folgt Aufzeichnung des Geschwindigkeitsplanes (Abb. 56) und Berechnung der Verluste mit angenommenen Koeffizienten ξ und φ.

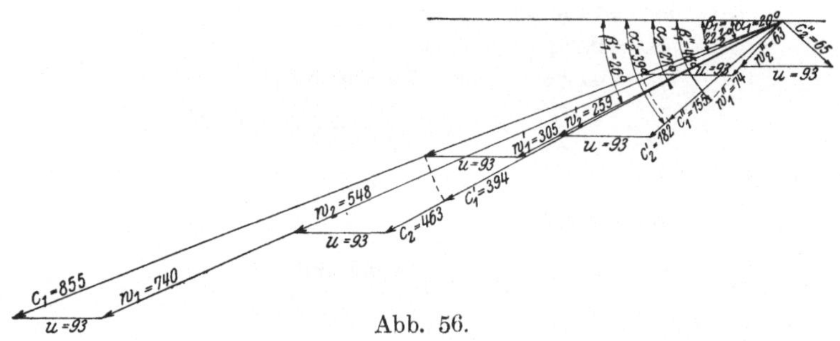

Abb. 56.

Düsenverlust:

$$h_d = \xi_d \cdot H_I = 0{,}15 \cdot 104 = \textbf{15,6 WE.}$$

Verlust im 1. Laufkranz:

$$\xi_{s_1} = 0{,}45;\quad \varphi_{s_1} = \sqrt{1 - 0{,}45} = 0{,}74\ \text{angenommen}$$

$$h_{s_1} = \xi_s \frac{w_1^2}{2\,g} A = 0{,}45 \frac{740^2}{2\,g} \cdot \frac{1}{427} = \textbf{29,5 WE}$$

$$w_2 = \varphi_{s_1} \cdot w_1 = 0{,}74 \cdot 740 = 548\ \text{m/sek.}$$

Verlust im 1. Leitkranz:

$$c_2 = 463 \text{ m/sek,}$$
$$\xi_{s_2} = 0{,}28 \text{ angenommen } (c_2 < \text{krit. Geschw.}),$$
$$\varphi_{s_2} = 0{,}85$$
$$c_1' = \varphi_{s_2} \cdot c_2 = 0{,}85 \cdot 463 = 394 \text{ m/sek,}$$
$$hs_2 = \xi_{s_2} \frac{c_2^2}{2\,g}\, A = 0{,}28 \frac{463^2}{2\,g} \cdot \frac{1}{427} = 7{,}2 \text{ WE.}$$

Verlust im 2. Laufkranz:

$$c_1' = 394 \text{ m/sek,}$$
$$w_1' = 305 \text{ m/sek,}$$
$$\xi_{s_3} = 0{,}28; \quad \varphi_{s_3} = 0{,}85 \text{ (wie oben angenommen)}$$
$$w_2' = \varphi_{s_3} \cdot w_1' = 0{,}85 \cdot 305 = 259 \text{ m/sek,}$$
$$hs_3 = \xi_{s_3} \frac{w'^2}{2\,g} \cdot A = 0{,}28 \frac{305^2}{2\,g} \cdot \frac{1}{427} = 3{,}1 \text{ WE.}$$

Verlust im 2. Leitkranz:

$$c_2' = 182 \text{ m/sek,}$$
$$\xi_{s_4} = 0{,}28; \quad \varphi_{s_4} = 0{,}85,$$
$$c_1'' = \varphi_{s_4} \cdot c_2' = 0{,}85 \cdot 182 = 155 \text{ m/sek,}$$
$$hs_4 = \xi_{s_4} \cdot \frac{c_1'^2}{2\,g} \cdot A = 0{,}28 \frac{182^2}{2\,g} \cdot \frac{1}{427} = 1{,}1 \text{ WE.}$$

Verlust im 3. Laufkranz:

$$c_1'' = 155 \text{ m/sek,}$$
$$w_1'' = 74 \text{ m/sek,}$$
$$\xi_{s_5} = 0{,}28; \quad \varphi_{s_5} = 0{,}85,$$
$$w_2'' = \varphi_{s_5} \cdot w_1'' = 0{,}85 \cdot 74 = 63 \text{ m/sek,}$$
$$hs_5 = \xi_{s_5} \frac{w_1''^2}{2\,g} \cdot A = 0{,}28 \frac{74^2}{2\,g} \cdot \frac{1}{427} = 0{,}2 \text{ WE.}$$

Austrittsverlust:

$$c_2'' = 65 \text{ m/sek,}$$
$$ha = \frac{c''^2}{2\,g} A = \frac{65^2}{2\,g} \cdot \frac{1}{427} = 0{,}5 \text{ WE.}$$

Summe sämtlicher berechneten Verluste:

$$\boldsymbol{\Sigma h} = h_d + h_{s_1} + h_{s_2} + h_{s_3} + h_{s_4} + h_{s_5} + h_a$$
$$= 15{,}6 + 29{,}5 + 7{,}2 + 3{,}1 + 1{,}1 + 0{,}2 + 0{,}5 = 57{,}2 \text{ WE,}$$

oder in % des theoretischen Wärmegefälles H_I

$$\Sigma h \% = \frac{\Sigma h}{H_I} \cdot 100 = \frac{57{,}2}{104} \cdot 100 = 55{,}0 \text{ %.}$$

Also $$\eta_{i_{\text{theor}}} = 1 - 0{,}55 = 0{,}45.$$

Mit Berücksichtigung nicht berechneter Verluste sei geschätzt

$$\eta_i = \mathbf{0{,}40}$$
$$\eta_m = 0{,}90$$

angenommen.

Damit wird $\quad \eta_e = \eta_i \cdot \eta_m = 0{,}40 \cdot 0{,}90 = \mathbf{0{,}36.}$

Stündlicher Dampfverbrauch für 1 PS:

$$G_{\mathrm{std}} = \frac{632}{\eta_e\,(i_1 - i_2)} = \frac{632}{0{,}36 \cdot 104} = 16{,}9 \text{ kg.}$$

Sekundliche Dampfmenge:

$$\boldsymbol{G_{\mathrm{sek}}} = \frac{G_{\mathrm{std}}\,N_e}{3600} = \frac{16{,}9 \cdot 25}{3600} = \mathbf{0{,}12 \text{ kg.}}$$

Berechnung der Düsen und der Beschaufelung wie früher.

f) Berechnung der Gleichdruckturbine mit Druckstufen ohne Geschwindigkeitsstufung.

Zunächst ist wieder nach dem Molierdiagramm das verfügbare Wärmegefäll $H_I = i_1 - i_2$ zu ermitteln.

Der mechanische Wirkungsgrad wird angenommen zu

$$\eta_m = 0{,}9 \text{ bis } 0{,}95.$$

Der effektive Wirkungsgrad beträgt nach Versuchen für Leistungen zwischen 1000 und 4000 KW

$$\eta_e = 0{,}65 \text{ bis } 0{,}7;$$

bei sehr großen Stufenzahlen und Leistungen bis 0,84

Hieraus ergibt sich der innere Wirkungsgrad zu

$$\eta_i = \frac{\eta_e}{\eta_m} = 0{,}68 \text{ bis } 0{,}78 \text{ bzw. bis } 0{,}88.$$

Mit der Beziehung

$$A_0 C = \eta_i\,(i_1 - i_2)$$

läßt sich in Abb. 57 der Endpunkt B der gesamten Zustandsänderung in das Molierdiagramm eintragen.

Die Stufenzahl z wird so gewählt, daß in jeder Stufe die kritische Geschwindigkeit nicht überschritten wird $z = 6$ bis 12 und höher, je nach Anfangsdruck.

Die Umfangsgeschwindigkeit beträgt

$$u = 100 \text{ bis } 150 \text{ m/sek;}$$

das Verhältnis $\dfrac{u}{c_1}$ ist dem günstigsten möglichst zu nähern.

Der Laufraddurchmesser, bezogen auf die mittlere radiale Schaufelhöhe, wird jetzt meistens für alle Stufen gleichgroß gewählt. Das auf eine Stufe treffende theoretische Teilgefäll ist gleich der Summe der theoretischen Teilgefälle

$$H_I\,(1+p),$$

wobei p der Prozentsatz der durch Reibung an den strömenden Dampf übergehenden Wärme ist ($p = 0,05$ bis $0,08$), dividiert durch die Stufenzahl z.

Der Geschwindigkeitsplan (Abb. 58) ist für alle Stufen derselbe und braucht demnach nur einmal entworfen zu werden. Als Verlustkoeffizienten können angenommen werden:

$$\xi_d = 0,1; \quad \varphi_d = 0,95$$

für die Leitschaufeln,

$$\xi_s = 0,28 \sim 0,36;$$
$$\varphi_s = 0,85 \sim 0,8 \quad \text{für}$$

die Laufschaufeln.

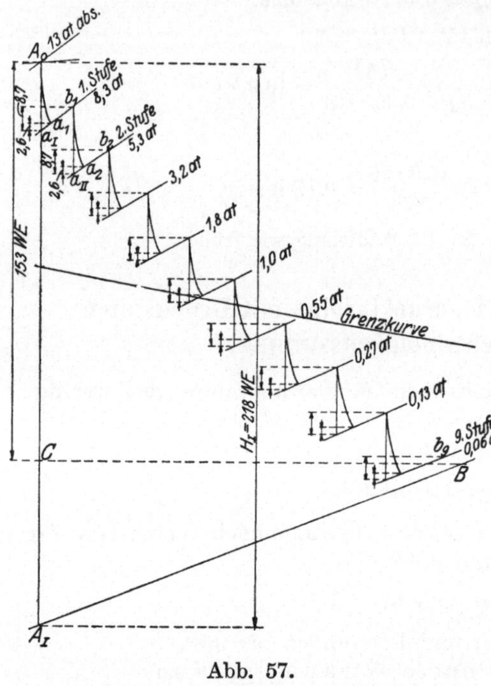

Abb. 57.

Der Plan enthält auch die Axialkomponenten c_{1a} und c_{2a}.

Der Austrittsverlust jeder Stufe kann in erster Annäherung voll in Rechnung gesetzt werden, d. h. die Austrittsenergie wird durch Wirbelbildung vernichtet.

Die theoretischen Teilgefälle und die Verluste sind für jede Stufe einzeln in das Mollierdiagramm einzutragen. Kommt man mit dem Austrittsverlust des letzten Laufkranzes nicht in die Nähe des vorher bestimmten Punktes B, dann ist die Rechnung mit etwas veränderten Annahmen zu wiederholen.

Da die Turbine in den ersten Stufen nicht voll beaufschlagt ist, ist aus dem Volumen des aus dem ersten Leitrad austretenden Dampfes der beaufschlagte axiale Querschnitt zu berechnen. Für die Schaufelstärken wird etwa $^1/_8$ des beaufschlagten Bogens zugegeben.

Beispiel: Eine Zoellyturbine ist für $N_e = 1500$ PS, $p_1 = 13$ ata Anfangsdruck, $300°$ Anfangstemperatur, $0,05$ ata Enddruck und $n = 3000$ zu berechnen. Adiabatisches Wärmegefäll $H_I = i_1 - i_2 = 218$ WE

$$\eta_e = 0,65; \qquad \eta_m = 0,92$$

angenommen.

$$\eta_i = \frac{\eta_e}{\eta_m} = \frac{0,65}{0,92} \simeq 0,7.$$

Stündlicher Dampfverbrauch für 1 PS:

$$G_{std} = \frac{632}{0,65 \cdot 218} = 4,46 \text{ kg.}$$

Sekundlicher Gesamt-Dampfverbrauch:

$$\boldsymbol{G_{sek} = \frac{4,46 \cdot 1500}{3600} = 1,86 \text{ kg.}}$$

In Abb. 57: $\qquad A_0 C = \eta_i (i_1 - i_2) = 0,7 \cdot 218 = 153$ WE.

Damit Punkt B gefunden mit $\qquad x = 0,94$.

$$\text{Stufenzahl } z = 9 \qquad\qquad \text{angenommen.}$$

Mit $u = 150$ m/sek wird der mittlere Laufraddurchmesser

$$\boldsymbol{d = \frac{60\,u}{\pi\,n} = \frac{60 \cdot 150}{\pi \cdot 3000} = 0,955 \text{ m.}}$$

Teilgefälle für eine Stufe für $p = 0,06$:

$$\frac{H_I(1 + p)}{z} = \frac{218 \cdot (1 + 0,06)}{9} = \boldsymbol{25,7 \text{ WE.}}$$

Theoretische Austrittsgeschwindigkeit aus den Leiträdern:

$c_I = 91,5 \sqrt{25,7} = 463$ m/sek.

Angenommen:

$\xi_d = 0,1; \qquad \varphi_d = 0,95.$

$\xi_s = 0,36; \qquad \varphi_s = 0,8.$

Wirkliche Austrittsgeschwindigkeit aus den Leiträdern:

$c_1 = \varphi_d \cdot c_I = 0,95 \cdot 463$
$\quad = 450$ m/sek $<$ kritische Geschwindigkeit.

$$\frac{u}{c_1} = \frac{150}{450} = \frac{1}{3}.$$

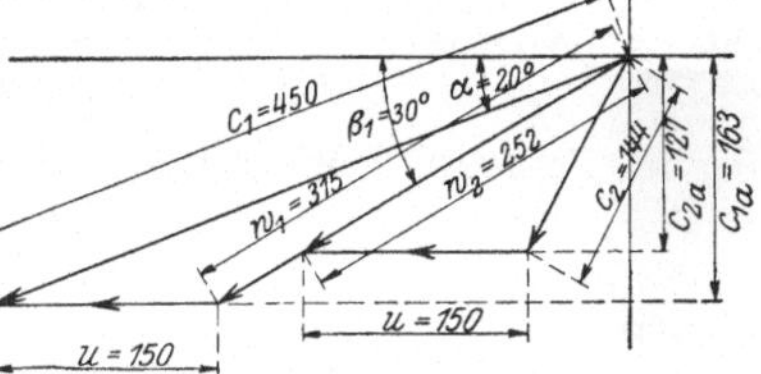

Abb. 58.

Der Geschwindigkeitsplan ergibt nach Abb. 58 mit $\alpha_1 = 20°$ und $\beta_1 = \beta_2$ die axialen Komponenten:

$$c_{1a} = 163 \text{ m/sek} \quad \text{und} \quad c_{2a} = 127 \text{ m/sek}$$

sowie $\qquad w_1 = 315$ m/sek; $\quad w_2 = \varphi_s\,w_1 = 0,8 \cdot 315 = 252$ m/sek;

$$c_2 = 144 \text{ m/sek}; \qquad \beta_1 = 30°.$$

Der innere Wirkungsgrad nach S. 59

$$\eta_i = \frac{2\,u\,\varphi_d^2}{c_1}(1 + \varphi_s)\left(\cos\alpha_1 - \frac{u}{c_1}\right)$$

kann jetzt nachgeprüft werden; also

$$\eta_i = \frac{2 \cdot 150 \cdot 0{,}95^2}{450}\,(1 + 0{,}8)\left(\cos 20 - \frac{150}{450}\right) = \mathbf{0{,}66,}$$

gegenüber der obigen Annahme $\eta_i = 0{,}7$.

Eintragungen in das Mollierdiagramm für die 1. Stufe (Abb. 57):

Adiabatisches Wärmegefäll $A_0\,a_I = 25{,}7$ WE.

Düsenverlust $\qquad\qquad h_d = 0{,}1 \cdot 25{,}7 = 2{,}6$ WE $\qquad\qquad$ liefert Punkt a_1; diesem entspricht ein

$$\text{Kammerdruck } p_2 = 8{,}3 \text{ ata} \quad \text{und} \quad \text{Temperatur } t_2 = 250°.$$

Den Düsen-, Schaufel-, Austritts- und sonstigen Verlust berechnet man am einfachsten mit Hilfe des eben festgestellten Wertes von η_i und des Teilgefälles:

$$h = h_d + h_s + h_a + h_r = (1 - \eta_i) \cdot 25{,}7 = (1 - 0{,}66) \cdot 25{,}7 = 8{,}7 \text{ WE.}$$

Dieser Gesamtverlust senkrecht abgetragen, liefert den Punkt b_1 als Anfangspunkt der 2. Stufe.

Das spezifische Dampfvolumen für $p_2 = 8{,}3$ ata und $t = 250°$ ist auch der Zustandsgleichung

$$v = \frac{47\,T}{p} - \mathfrak{B} + 0{,}001$$

$$= \frac{47 \cdot 523}{83\,000} - 0{,}0086 + 0{,}001$$

$$= 0{,}2884 \text{ cbm/kg.}$$

Der axiale Austrittsquerschnitt des 1. Leitrades ergibt sich zu

$$f_{1a} = \frac{G \cdot v}{c_{1a}} = \frac{1{,}86 \cdot 0{,}2884}{163} = 0{,}003\,29 \text{ qm} = 32{,}9 \text{ qcm.}$$

Dazu wegen der Schaufeldicke $^1/_8$ Zuschlag, also

$$\mathbf{f_{1a}} = \frac{9}{8} \cdot 32{,}9 = \mathbf{37{,}0 \text{ qcm.}}$$

Nimmt man die radiale Schaufelhöhe zu 12 mm an, dann wird die beaufschlagte Bogenlänge

$$l = \frac{37{,}0}{1{,}2} = 30{,}8 \text{ cm}$$

oder im Verhältnis zum mittleren Umfang

$$\frac{30{,}8}{95{,}5 \cdot \pi} = 0{,}102.$$

Diese Berechnungen sowie die Eintragungen in das Mollierdiagramm werden für alle Stufen wiederholt; der letzte Punkt b_9 kommt in befriedigende Nähe von B. Die berechneten Werte enthält folgende Zusammenstellung, S. 71.

Mit der 5. Stufe wird die Grenzkurve überschritten. Die Dampfvolumina sind von hier an der Dampftafel zu entnehmen und mit der spezifischen Dampfmenge zu multiplizieren.

Von der 6. Stufe an sind die Laufräder voll beaufschlagt[1]), deshalb genügt die Schaufelhöhe 12 mm nicht mehr, sondern sie muß für jede Stufe aus dem axialen Austrittsquerschnitt berechnet werden; z. B. für die 7. Stufe wird die

$$\text{Schaufelhöhe} = \frac{f_{7a}}{d\,\pi} = \frac{743}{95{,}5 \cdot \pi} = 2{,}5 \text{ cm.}$$

---

[1]) Nimmt man bei voll beaufschlagten Rädern die Austrittsenergie als ganz verwertbar an, dann werden die Geschwindigkeitsdreiecke der teilweise und der voll beaufschlagten Räder verschieden.

Zusammenstellung.

Stufe	1	2	3	4	5	6	7	8	9
Kammerdruck ata	8,3	5,3	3,2	1,8	1,0	0,55	0,27	0,13	0,06
Temperatur ° C	250	213	176	138	100	—	—	—	—
Spezifische Dampfmenge x	—	—	—	—	1,0	0,98	0,97	0,95	0,93
Spezifisches Dampfvolumen cbm/kg	0,288	0,422	0,647	1,06	1,72	2,97	5,79	11,78	22,7
Axialer Austrittsquerschnitt $+ \frac{1}{8}$ Zuschlag qcm	37,0	54,1	82,5	136	221	381	743	1510	2910
Beaufschlagte Bogenlänge cm	30,8	45,1	85,0	113	184	—	—	—	—
Desgl. im Verhältnis zum Umfang	0,103	0,15	0,28	0,38	0,61	1,0	1,0	1,0	1,0
Radiale Höhe der Leitschaufeln cm	1,20	1,20	1,20	1,20	1,20	1,30	2,48	5,03	9,70
Desgl. der Laufschaufeln:									
a) beim Eintritt cm	1,6	1,6	1,6	1,6	1,6	1,7	2,9	5,5	10,2
b) beim Austritt cm	1,6	1,6	1,6	1,6	1,6	2,2	3,7	7,1	13,1

Die Schaufeln der Laufräder werden 3 bis 5 mm höher als die der Leiträder ausgeführt. Bei den voll beaufschlagten Laufrädern muß der axiale Austrittsquerschnitt im Verhältnis der axialen Dampfgeschwindigkeitskomponenten $\frac{c_{1a}}{c_{2a}}$ größer sein als der axiale Eintrittsquerschnitt; z. B. für die 7. Stufe wird die Schaufelhöhe des Laufrades beim Austritt:

$$3{,}9\,\frac{c_{1a}}{c_{2a}} = 3{,}9\,\frac{163}{127} = 5{,}0 \text{ cm.}$$

g) Berechnung der Gleichdruckturbine mit Druckstufen und vorgeschaltetem Geschwindigkeitsrad.

Die Berechnung des Hochdruckteiles (Curtisrad mit 2 bis 3 Geschwindigkeitsstufen) erfolgt nach S. 64. Der Expansionsenddruck der Düsen wird zu 2 bis 2,5 ata angenommen. Daran schließt sich die Berechnung der Gleichdruckturbine mit 6 bis 8 Druckstufen nach S. 67, nur mit dem Anfangsdruck 2 bis 2,5 ata. Das zugehörige Mollierdiagramm ist in Abb. 59 schematisch wiedergegeben.

Ein wesentlicher Vorteil dieser Anordnung besteht darin, daß der größte Temperatursprung in den Hochdruckdüsen erfolgt und daher die Gehäusewandung nur niederen Dampftemperaturen ausgesetzt ist; expandiert z. B. der Dampf in den Düsen von 13 ata und 300° auf 2,5 ata, so liegt der Endpunkt im Mollierdiagramm schon unterhalb der Grenzkurve.

Für das Geschwindigkeitsrad kann man annehmen

$$\eta_i = 0{,}5 \text{ bis } 0{,}6$$

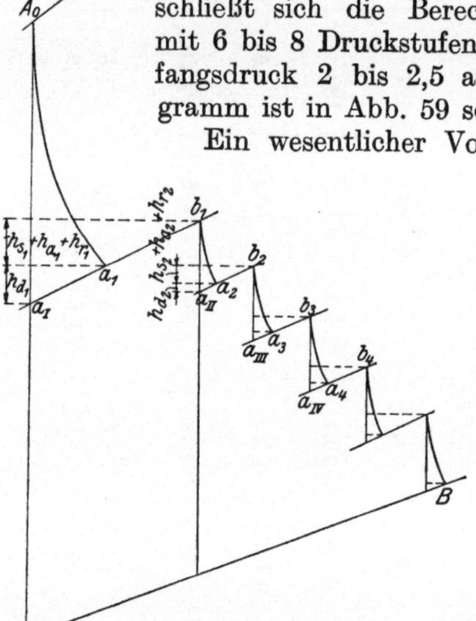

Abb. 59.

$$\frac{c_I}{u} = 6 \text{ bis } 8;$$

Für den Niederdruckteil $\eta_i = 0{,}6$ bis 0,7

$$\frac{c_I}{u} \sim 3.$$

Der effektive Gesamtwirkungsgrad kann zu

$$\eta_e = 0{,}6 \text{ bis } 0{,}65$$

geschätzt werden.

h) Berechnung der mehrstufigen Überdruckturbine mit vorgeschaltetem Geschwindigkeitsrad.

Diese Anordnung besitzt gegenüber der reinen Überdruckturbine folgende Vorteile:

1. Das Gehäuse ist der hohen Dampfeintrittstemperatur entzogen.
2. Die Stufenzahl wird weit geringer, weil zur Geringhaltung des Spaltverlustes die Turbine im Hochdruckgebiet sehr viele Stufen erhalten müßte; dadurch wird auch die Baulänge kürzer.
3. Der Axialschub wird kleiner.

Die Berechnung des Geschwindigkeitsrades erfolgt wie bisher; die Berechnung des Überdruckteiles geschieht so, wie bei der reinen Überdruckturbine, wie folgt:

Es werde zunächst eine Stufe betrachtet. Nach Abb. 60 und 61 steht für die Stufe ein Wärmegefäll $A_0 A_{II} = i_0 - i_{II}$ zur Verfügung. Der Dampf expandiert

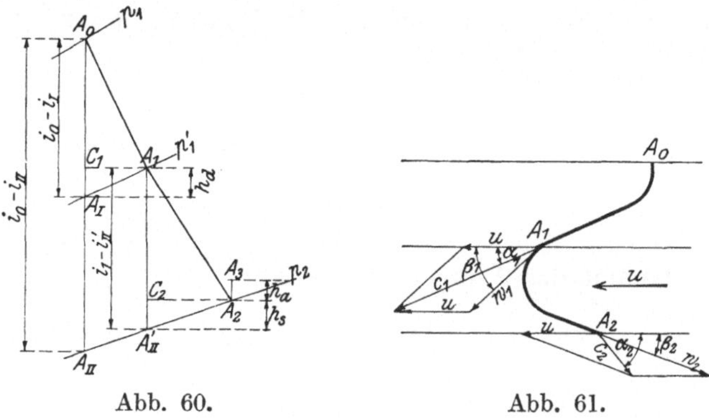

Abb. 60.   Abb. 61.

1. im Leitrad vom Druck p_1 auf p_1'. Das zugehörige Wärmegefäll ist

$$\text{theoretisch } A_0 A_I = i_0 - i_I,$$

$$\text{wirklich } A_0 C_1 = i_0 - i_1;$$

die zugehörige Geschwindigkeit:

$$\text{theoretisch } c_I = 91{,}5 \sqrt{i_0 - i_I},$$

gibt mit u die Relativgeschwindigkeit w_I;

$$\text{wirklich } c_1 = 91{,}5 \sqrt{i_0 - i_1},$$

gibt mit u die Relativgeschwindigkeit w_1.

Der Leitschaufelverlust ist

$$h_d = \xi_d \frac{c_I^2}{2\,g}$$

oder mit $\qquad c_1 = \varphi_d\, c_I$ und $\quad \xi_d = 1 - \varphi_d^2 \qquad$ (nach S. 54)

$$\boldsymbol{h_d} = (1 - \varphi_d^2)\,\frac{c_1^2}{2\,\varphi_d^2\,g} = \frac{c_1^2}{2\,g}\left(\frac{1}{\varphi_d^2} - 1\right).$$

2. im **Laufrad** vom Druck p_1' auf p_2; das zugehörige theoretische Wärmegefäll ist

$$\text{theoretisch } A_1\,A_{II}' = i_1 - i_{II}',$$
$$\text{wirklich } \quad A_1\,C_2 = i_1 - i_2.$$

Die Dampfeintrittsgeschwindigkeit ist w_1; die theoretische Austrittsgeschwindigkeit w_{II} ergibt sich aus der Gleichung

$$i_1 - i_{II}' = \frac{A}{2\,g}\,(w_{II}^2 - w_1^2),$$

entsprechend dem Zuwachs an lebendiger Energie durch Steigerung der Geschwindigkeit von w_1 auf w_{II}. In Wirklichkeit wächst jedoch die Geschwindigkeit nur auf

$$w_2 = \varphi_s\, w_{II}$$

und der **Laufschaufelverlust** wird (ähnlich wie oben der Leitschaufelverlust)

$$h_s = \frac{w_2^2}{2\,g}\left(\frac{1}{\varphi_s^2} - 1\right).$$

Dazu kommt der **Austrittsverlust**

$$h_a = \frac{c_2^2}{2\,g};$$

folglich beträgt die an Radumfang gemessene **Arbeit einer Stufe**

$$L_z = \frac{c_1^2}{2\,g} + \frac{w_2^2 - w_1^2}{2\,g} - \frac{c_2^2}{2\,g}.$$

Hier ist

$\dfrac{c_1^2}{2\,g}$ der durch **Aktion** abgegebene Teil der Arbeit,

$\dfrac{w_2^2 - w_1^2}{2\,g}$ „   „ **Reaktion** „   „ „ „

$\dfrac{c_2^2}{2\,g}$ „ Austrittsverlust.

Das Verhältnis y der Reaktionsarbeit zur Gesamtarbeit nennt man **Reaktionsgrad**; also

$$y = \frac{w_2^2 - w_1^2}{c_1^2 + w_2^2 - w_1^2 - c_2^2};$$

man wählt gewöhnlich $y = \dfrac{1}{2}$; dann wird

$$c_1^2 - c_2^2 = w_2^2 - w_1^2$$

oder $\qquad\qquad\qquad \boldsymbol{c_1 = w_2}$

und $\qquad\qquad\qquad \boldsymbol{c_2 = w_1}\,,$

damit werden die Geschwindigkeitsdreiecke (Abb. 62), sowie die Leit- und Laufschaufeln einer Stufe kongruent.

Mit diesen Werten für w_1 und w_2 wird

$$L_z = \frac{c_1^2 - c_2^2}{g};$$

aus Abb. 62 folgt:

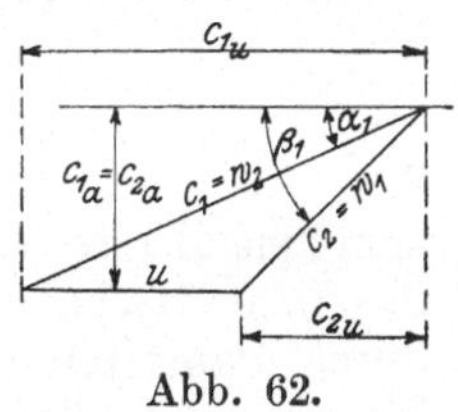

Abb. 62.

$c_2^2 = c_1^2 + u^2 - 2\,c_1\,u\cos\alpha_1 = c_1^2 + u\,(u - 2\,c_1\cos\alpha_1)$

oder $\qquad c_1^2 - c_2^2 = u\,(2\,c_1\cos\alpha_1 - u)$;

damit wird $\qquad \boldsymbol{L_z = \dfrac{u}{g}\,(2\,c_1\cos\alpha_1 - u)}.$

Theoretisch wird entsprechend der obigen Gleichung

$$L_z = \frac{c_I^2 - c_2^2}{g};$$

oder mit $\qquad\quad c_1 = \varphi_s\,c_I \quad$ und $\quad \xi_s = 1 - \varphi_s^2\,;$

$$L_z' = \frac{1}{g}\left(\frac{c_1^2}{1 - \xi_s} - c_2^2\right);$$

setzt man mit einer kleinen Vernachlässigung

$$\frac{1}{1 - \xi_s} = 1 + \xi_s,$$

dann wird $\qquad\quad \boldsymbol{L_z' = \dfrac{c_1^2}{g}\left(1 + \xi_s - \left[\dfrac{c_2}{c_1}\right]^2\right)}.$

Damit berechnet sich der **Wirkungsgrad** einer Stufe am Radumfang zu

$$\frac{L_z}{L_z'} = \eta_i = \frac{u\,(2\,c_1\cos\alpha_1 - u)}{c_1^2\left(1 + \xi_s - \left[\dfrac{c_2}{c_1}\right]^2\right)};$$

aus $\qquad\qquad c_2^2 = c_1^2 + u^2 - 2\,c_1\,u\cos\alpha_1$

folgt $\qquad\qquad \left(\dfrac{c_2}{c_1}\right)^2 = 1 + \left(\dfrac{u}{c_1}\right)^2 - 2\left(\dfrac{u}{c_1}\right)\cos\alpha_1,$

welcher Ausdruck, oben eingesetzt, gibt:

$$\eta_i = \frac{2 \dfrac{u}{c_1} \cos \alpha_1 - \left(\dfrac{u}{c_1}\right)^2}{\xi_s + 2 \dfrac{u}{c_1} \cos \alpha_1 - \left(\dfrac{u}{c_1}\right)^2};$$

der größte Wert für η_i ergibt sich für

$$\frac{u}{c_1} = \cos \alpha_1.$$

Während man bei der Gleichdruckturbine die Stufenzahl und die Teilgefälle wählt und hieraus die Geschwindigkeiten berechnet, wählt man bei der Überdruckturbine umgekehrt die Geschwindigkeiten (mit den Werten

$$\xi_s = 0,15 \quad \text{bis} \quad 0,3$$

und
$$\varphi_s = 0,93 \quad \text{bis} \quad 0,88,$$

zunehmend mit wachsender Geschwindigkeit) und berechnet hieraus das theoretische mittlere Teilgefäll einer Stufe. Mit Rücksicht auf durch Dampfreibung zurückgewonnene Wärme wird (wie S. 68) die **Summe der Teilgefälle**

$$H_I (1 + p) = (i_0 - i_{II}) (1 + p) \quad \text{mit} \quad p = 0,03 \quad \text{bis} \quad 0,08.$$

Die Stufenzahl z wird in einzelne Gruppen geteilt, deren Stufenzahlen z_1, $z_2 \ldots$ sein mögen. Die Trommeldurchmesser je zweier aufeinander folgenden Gruppen steigen im Verhältnis $1 : \sqrt{2}$; u steigt etwa von 80 auf 100 m/sek, $\dfrac{u}{c_1}$ bleibt konstant. Setzt man den **Spaltverlust** einer Stufe

$$= 2 \xi_l \frac{c_1^2}{2 g}, \quad \text{wobei} \quad \xi_l = 0,03 \div 0,06 \text{ ist,}$$

dann wird
$$L_z = \frac{c_1^2 - c_2^2}{g} - \xi_l \frac{c_1^2}{g} = \frac{c_1^2}{g} \left[1 - \xi_l - \left(\frac{c_2}{c_1}\right)^2\right];$$

oder in WE ausgedrückt das **mittlere Teilgefäll einer Stufe**

$$A L_z = \frac{A c_1^2}{g} \left[1 - \xi_l - \left(\frac{c_2}{c_1}\right)^2\right].$$

Bezeichnet man die Teilgefälle der einzelnen **Gruppen** mit $L_1 L_2 \ldots$, dann ist offenbar

$$A L_z = \frac{z_1 L_1 + z_2 L_2 + \cdots}{z} = \frac{z_1}{z} L_1 + \frac{z_2}{z} L_2 + \cdots$$

$$\frac{z_1}{z}, \frac{z_2}{z} \ldots$$

wird angenommen; z. B. für 3 Gruppen

$$\frac{z_1}{z} = 0{,}4; \quad \frac{z_2}{z} = 0{,}3; \quad \frac{z_3}{z} = 0{,}3$$

und aus der letzteren Gleichung die gesamte Stufenzahl z berechnet. Im Mollierdiagramm (Abb. 63) werden die Stufen einer Gruppe zusammengefaßt. Die Strecken

$$b_1\,m_2,\ b_2\,m_3 \cdots$$

sind je das Produkt der Stufenzahl einer Gruppe mal dem mittleren Teilgefäll. Die Austrittsenergie h_a des letzten Laufrades jeder Gruppe wird bei sprungweiser Steigerung des Trommeldurchmessers durch Wirbelbildung in Wärme umgesetzt; deshalb fängt die zweite Gruppe nicht bei a_2, sondern bei b_2 an.

Da alle Schaufelkränze voll beaufschlagt sind, müßte wegen des ständig zunehmenden Dampfvolumens bei gleicher Axialgeschwindigkeit die radiale Schaufelhöhe ständig zunehmen. Wegen der Einfachheit der Herstellung zog man es früher häufig vor, eine Anzahl von Schaufelkränzen gleichhoch zu machen und die Höhe sprungweise zunehmen zu lassen.

Bezeichnet man die aufeinanderfolgenden gleichen axialen Querschnitte mit

$$f_{a_1} = f_{a_2} = f_{a_3} \cdots = f_a,$$

die zugehörigen Dampfvolumina mit

$$v_1,\ v_2,\ v_3 \cdots,$$

die zugehörigen axialen Dampfgeschwindigkeitskomponenten mit

$$c_{a_1} = c_1 \sin \alpha_1;$$
$$c_{a_2} = c_2 \sin \alpha_2 \cdots,$$

dann ist

$$f_a = \frac{v_1}{c_{a_1}} = \frac{v_2}{c_{a_2}} = \cdots \quad \text{oder}$$

$$= \frac{v_1}{c_1 \sin \alpha_1} = \frac{v_2}{c_2 \sin \alpha_2} = \cdots;$$

macht man $c_1 = c_2 = c_3 = \cdots$, dann wird

$$v_1 : v_2 : v_3 : \cdots = \sin \alpha_1 : \sin \alpha_2 : \sin \alpha_3 : \cdots;$$

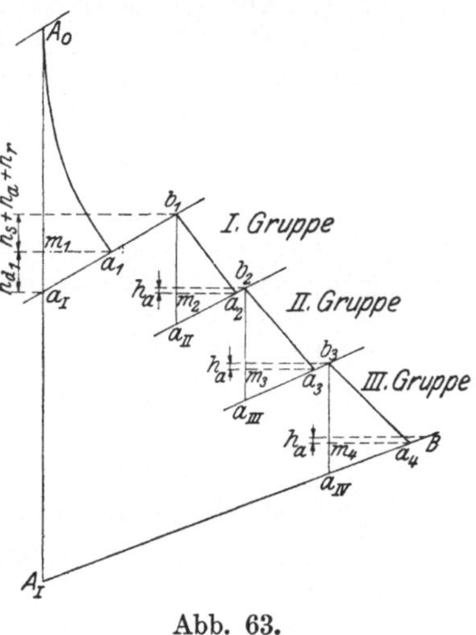

Abb. 63.

d. h. die Sinus der Eintrittswinkel aufeinanderfolgender Schaufelkränze müssen sich verhalten wie die zugehörigen Dampfvolumina. Der mittleren Stufe jeder Reihe gibt man immer die aus dem Geschwindigkeitsdreieck berechneten Werte, die übrigen Stufen werden nach der letztgenannten Regel abgeändert.

Vierter Teil.

Berechnung wichtiger Einzelteile.

I. Welle.

Während bei langsam laufenden Wellen eine etwaige exzentrische Lage des Schwerpunktes der umlaufenden Teile ohne wesentlichen Einfluß auf die Beanspruchung der Welle ist, muß dieser Umstand bei den sehr rasch laufenden Turbinenwellen sorgfältig berücksichtigt werden.

In Abb. 64 sei eine senkrechte Welle mit einer umlaufenden Masse $M = G/g$ dargestellt, deren Schwerpunkt S um das Maß e von der Drehachse entfernt liegt. Dreht sich die Welle mit der Winkelgeschwindigkeit ω, dann biegt sich infolge der Fliehkraft C die Welle um das Maß f seitlich aus (Abb. 65); es ist dann

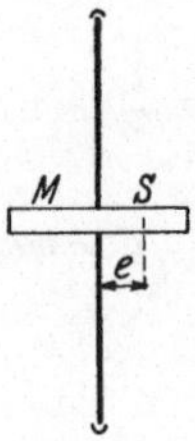

$$C = M\,(e + f)\,\omega^2;$$

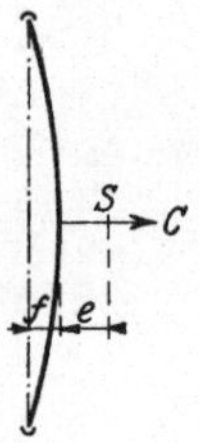

beträgt P die Kraft, die notwendig ist, um die Welle um 1 cm durchzubiegen, dann ist zur Durchbiegung um f cm eine Kraft $P \cdot f$ notwendig, also ist auch

$$C = P \cdot f;$$

Abb. 64. Abb. 65. Abb. 66.

beide Gleichungen werden verbunden:

$$M\,(e + f)\,\omega^2 = P \cdot f;$$

hieraus

$$f = \frac{e\,M\,\omega^2}{P - M\,\omega^2} = \frac{e}{\dfrac{P}{M\,\omega^2} - 1}.$$

Mit zunehmendem ω wird der Nenner immer kleiner; wird schließlich

$$\frac{P}{M\,\omega^2} = 1 \quad \text{oder} \quad \omega_k = \sqrt{\frac{P}{M}},$$

dann würde $f = \infty$ werden, d. h. die Welle würde brechen, wenn sie nicht durch Begrenzungen innerhalb der Lager gestützt würde. Diese Winkelgeschwindigkeit wird die **kritische** genannt. Mit Hilfe der Beziehung

$$\omega = \frac{\pi\, n}{30}$$

erhält man die **kritische Umdrehungszahl**

$$n_k = \frac{30}{\pi}\sqrt{\frac{P}{M}}$$

oder mit dem Gewicht G der umlaufenden Massen

$$n_k = \frac{30}{\pi}\sqrt{\frac{g\,P}{G}},$$

wobei $g = 981$ **cm**/sek² zu setzen ist; also

$$\boldsymbol{n_k = 300\sqrt{\frac{P}{G}}.}$$

Wird die Winkelgeschwindigkeit $\omega > \omega_k$, was möglich ist, wenn man die Welle an der Ausbiegung hindert, dann wird f negativ, d. h. die Durchbiegung kommt auf dieselbe Seite wie e (Abb. 66) und wird mit weiter wachsendem ω immer kleiner. Die Welle besitzt jetzt eine freie Achse und damit eine neue Gleichgewichtslage.

Die Kraft P hängt ab vom Trägheitsmoment J des Wellenquerschnittes und der Art der Belastung; z. B. für eine im Abstand l frei gelagerte und in der Mitte belastete Welle wird mit dem Elastizitätsmodul E

$$f = \frac{l^3}{48}\cdot\frac{P}{E\,J} = 1 \text{ cm};$$

hieraus
$$P = \frac{48\,E\,J}{l^3};$$

hieraus J berechnen und d nach Zahlentafel aufschlagen.

Aus Festigkeitsrücksichten muß die Welle aushalten:

$\quad$ a) das Biegungsmoment M_b,

$\quad$ b) das Drehmoment $M_d = 71\,600\,\dfrac{N_i}{n}$;

also muß der gefährliche Querschnitt der Gleichung genügen:

$$M_i = \frac{d^3\,\pi}{32}\,k_i = 0{,}35\,M_b + 0{,}65\,\sqrt{M_b^2 + \mathrm{M}_d^2},$$

wobei k_i bis 500 kg/qcm betragen kann.

Beispiel: Eine 1000 PS-Turbine mit a) $n = 3000$, b) $n = 1500$ sei nach Abb. 67 gelagert. Der Schwerpunkt des einschließlich Welle auf 1000 kg geschätzten Laufzeuges befinde sich in der Mitte der beiden Lager.

a) Die kritische Drehzahl sei in genügender Entfernung von der normalen Drehzahl n zu $n_k = 4000$ angenommen.

Aus
$$n_k = 300 \ \sqrt{\frac{P}{G}}$$

folgt
$$P = \frac{n_k^2 \cdot G}{300^2} = \frac{4000^2 \cdot 1000}{300^2} = 178\,000 \text{ kg}.$$

Aus
$$P = \frac{48\,J\,E}{l^3}$$

ergibt sich
$$J = \frac{l^3 P}{48\,E} = \frac{250^3 \cdot 178\,000}{48 \cdot 2\,200\,000} = 25\,200 \text{ cm}^4$$

$$d = 26{,}5 \text{ cm}$$

$$W = \frac{d^3 \pi}{32} \cong 1800 \text{ cm}^3.$$

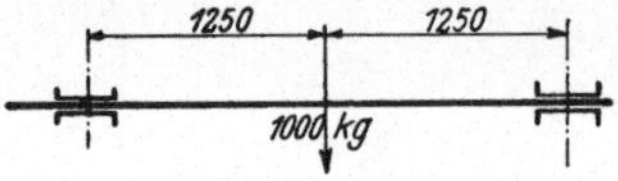

Abb. 67.

$$M_b = \frac{1000 \cdot 250}{4} = 62\,500 \text{ cmkg}$$

$$M_d = 71600 \frac{1000}{3000} = 23\,900 \text{ cmkg}$$

$$M_i = 0{,}35 \cdot 62\,500 + 0{,}65 \sqrt{62\,500^2 + 23\,900^2}$$
$$= 65\,400 \text{ cmkg}.$$

Aus
$$M_i = \frac{d^3 \pi}{32} k_i$$

folgt
$$k_i = \frac{65\,400}{1800} = 37 \text{ kg/qcm}.$$

b) $n_k = 2000$ angenommen.

$$P = \frac{2000^2 \cdot 1000}{300^2} = 44\,400 \text{ kg}$$

$$J = \frac{250^3 \cdot 44\,400}{48 \cdot 2\,200\,000} = 6580 \text{ cm}^4$$

$$d = 19 \text{ cm}$$
$$W = 673 \text{ cm}^3.$$

$$M_b = 62\,500 \text{ cmkg}$$

$$M_d = 71\,600 \frac{1000}{1500} = 12\,000 \text{ cmkg}$$

$$M_i = 0{,}35 \cdot 62\,500 + 0{,}65 \sqrt{62\,500^2 + 12\,000^2} = 63\,300 \text{ cmkg}$$

$$k_i = \frac{63\,300}{673} = 94 \text{ kg/qcm}.$$

Dazu kommt die Beanspruchung durch die Fliehkraft infolge etwaiger Exzentrizität der umlaufenden Massen. Die anfängliche Exzentrizität sei $e = 0{,}5$ mm $= 0{,}05$ cm; nach S. 78 würde die Durchbiegung durch die Fliehkraft werden:

$$f = \frac{e}{\dfrac{P}{M \omega^2} - 1} \ ;$$

hier ist einzusetzen:

Beispiel a)
$$e = 0,05 \text{ cm}$$
$$P = 178\,000 \text{ kg}$$

$$M = \frac{G}{g} = \frac{1000}{981} \sim 1,02 \text{ kg/cm/sek}^2$$

$$\omega = \frac{\pi \cdot n}{30} = \frac{\pi \cdot 3000}{30} = 314;$$

also
$$f = \frac{0,05}{\dfrac{178\,000}{1,02 \cdot 314^2} - 1} = 0,065 \text{ cm}.$$

Die zugehörige Kraft ist:

$$P' = \frac{48\,f\,E\,J}{l^3} = \frac{48 \cdot 0,065 \cdot 2\,200\,000 \cdot 25\,200}{250^3} = 11\,000 \text{ kg},$$

so daß die gesamte biegende Kraft

$$P + P' = 1000 + 11\,000 = 12\,000 \text{ kg}$$

und das Biegungsmoment

$$M_l + M_l' = \frac{12\,000 \cdot 250}{4} = 750\,000 \text{ cmkg}$$

wird.

$$M_i' = 0,35 \cdot 750\,000 + 0,65 \sqrt{750\,000^2 + 12\,000^2} = 750\,000 \text{ cmkg}$$

$$k_i = \frac{750\,000}{1800} = 417 \text{ kg/qcm}.$$

Beispiel b)
$$e = 0,05 \text{ cm}$$
$$P = 44\,400 \text{ kg}$$
$$M = 1,02 \text{ kg/cm/sek}^2$$

$$\omega = \frac{\pi \cdot 1500}{30} = 157;$$

also
$$f = \frac{0,05}{\dfrac{44\,400}{1,02 \cdot 157^2} - 1} = 0,065 \text{ cm}.$$

$$P' = \frac{48 \cdot 0,065 \cdot 2\,200\,000 \cdot 6580}{250^3} = 2900 \text{ kg}$$

$$P + P' = 3900 \text{ kg}$$

$$M_l + M_l' = \frac{3900 \cdot 250}{4} = 244\,000 \text{ cmkg } M_i'$$

$$k_i = \frac{244\,000}{673} = 363 \text{ kg/qcm}.$$

Diese Beispiele zeigen, daß eine sehr gering erscheinende Exzentrizität doch eine große Steigerung der Spannung hervorruft. Deshalb sind die umlaufenden Teile sorgfältig auszuwuchten. Die Messung eines etwaigen Übergewichtes geschieht mittels besonderer, sehr empfindlicher Waagen; das Übergewicht wird durch Ausbohren der Scheiben beseitigt.

II. Laufrad.

Man denkt sich nach Stodola aus dem vollen Rad ein unendlich kleines Kreisring-Sektorstück herausgeschnitten (Abb. 68). Es sei

r der innere Radius,

b die innere axiale Dicke,

$d\,\varphi$ der Winkel der beiden Seitenflächen.

Vernachlässigt man die Schubspannungen, dann sind zur Aufstellung der Gleichgewichtsbedingungen folgende Kräfte anzubringen:

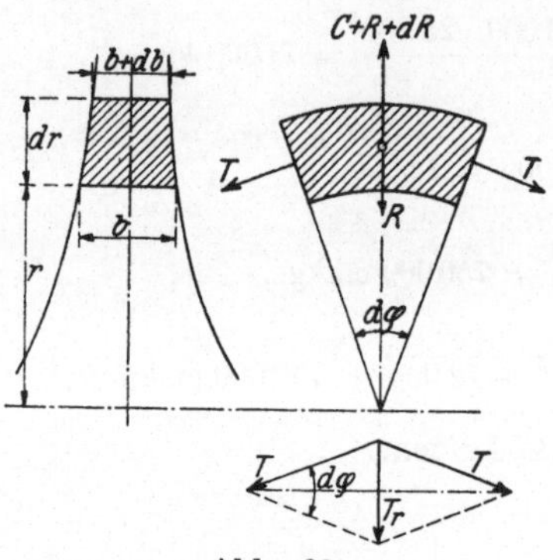

Abb. 68.

Die Radialkraft R an der inneren Ringfläche,
die Radialkraft $R + d\,R$ an der äußeren Ringfläche,
die Tangentialkraft T an jeder der beiden Seitenflächen,
die Fliehkraft C am Schwerpunkt.
Die Kräfte T geben als Resultierende

$$T_r = 2\,T \sin \frac{d\,\varphi}{2}.$$

Gleichgewicht besteht, wenn die Summe sämtlicher radial gerichteter Kräfte $= 0$ ist, also

$$C + R + d\,R - R - T_r = 0$$

oder

$$C + d\,R - T_r = 0.$$

Zur Berechnung von C sei mit

γ das spezifische Gewicht und mit

ω die Winkelgeschwindigkeit

des Scheibenelementes bezeichnet; dann beträgt die Masse dieses Elementes

$$d\,M = \frac{\gamma}{g} \cdot r \cdot d\,\varphi \cdot b \cdot d\,r$$

und seine Fliehkraft

$$C = d\,M \cdot r \cdot \omega^2 = \frac{\gamma}{g} \cdot r \cdot d\,\varphi \cdot b \cdot d\,r \cdot r \cdot \omega^2$$

$$= \frac{\gamma}{g} \cdot b \cdot r^2 \cdot \omega^2 \cdot d\,\varphi \cdot d\,r.$$

Bezeichnet man die auf 1 qcm bezogene Radialspannung mit σ_r und die Tangentialspannung mit σ_t, dann ist

$$R = (b) \cdot (r\,d\,\varphi) \cdot \sigma_r,$$

$$d\,R = b \cdot r \cdot d\,\varphi \cdot d\,\sigma_r + b \cdot d\,r \cdot d\,\varphi \cdot \sigma_r + d\,b \cdot r \cdot d\,\varphi \cdot \sigma_r,$$

$$T = (b) \cdot (d\,r) \cdot \sigma_t,$$

$$T_r = 2\,T \sin \frac{d\,\varphi}{2} \text{ oder mit unendlich kleiner Vernachlässigung,}$$

$$= T\,d\,\varphi = b \cdot d\,r \cdot \sigma_t \cdot d\,\varphi.$$

Die Werte von C, $d\,R$ und T_r werden in die obige Gleichgewichtsbedingung eingesetzt:

$$\frac{\gamma}{g} \cdot b \cdot r^2 \cdot \omega^2 \cdot d\,\varphi \cdot d\,r + b \cdot r \cdot d\,\varphi \cdot d\,\sigma_r + b \cdot d\,r \cdot d\,\varphi \cdot \sigma_r +$$
$$+ d\,b \cdot r \cdot d\,\varphi \cdot \sigma_r - b \cdot d\,r \cdot \sigma_t \cdot d\,\varphi = 0;$$

mit $d\,r \cdot d\,\varphi$ dividiert, ergibt sich die **allgemeine Differentialgleichung**:

$$\frac{\gamma}{g} \cdot b \cdot r^2 \cdot \omega^2 + \frac{r}{d\,r}\left(b \cdot d\,\sigma_r + d\,b \cdot \sigma_r\right) + b\left(\sigma_r - \sigma_t\right) = 0.$$

Diese ist mit dem Grundgesetz der Elastizität

$$\varepsilon = \frac{\sigma}{E}$$

zu verbinden, worin ε die spezifische Dehnung und E den Elastizitätsmodul bedeutet.

Durch die Spannung σ_r wird das Scheibenelement in radialer Richtung um $\frac{\sigma_r}{E}$ verlängert; die Spannung σ_t erzeugt jedoch in radialer Richtung eine Querzusammenziehung, welche von dieser Verlängerung den Betrag $\frac{m\,\sigma_t}{E}$ aufhebt; die gesamte **radiale Verlängerung** beträgt also

$$\varepsilon_r = \frac{\sigma_r - m\,\sigma_t}{E}.$$

Ähnlich ergibt sich die **tangentiale Dehnung**

$$\varepsilon_t = \frac{\sigma_t - m\,\sigma_r}{E}.$$

Beide Gleichungen werden nach σ_r und σ_t aufgelöst:

$$\sigma_r = \frac{E}{1 - m^2} \left(\varepsilon_r + m\,\varepsilon_t \right),$$

$$\sigma_t = \frac{E}{1 - m^2} \left(\varepsilon_t + m\,\varepsilon_r \right).$$

Diese Dehnungen lassen sich auch durch die Verschiebung ϱ' ausdrücken, die ein Punkt B des Elementes erfährt (Abb. 69). Der innere Umfang des Ringes mit dem inneren Durchmesser r (Punkt A) ist $2\,r\,\pi$; der Radius dehne sich um ϱ aus, dann ist der neue Umfang $2\,(r + \varrho)\,\pi$, also die spezifische Dehnung in Richtung des Umfanges

$$\varepsilon_t = \frac{2\,(r + \varrho)\,\pi - 2\,r\,\pi}{2\,r\,\pi} = \frac{\varrho}{r}.$$

Ein ursprünglich im Abstand $r + d\,r$ befindlicher Punkt B hat sich demnach um

$$\varrho' = \varrho + d\,\varrho$$

verschoben.

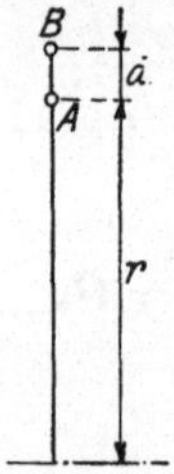

Die Länge $A\,B$ betrug vor der Dehnung $d\,r$; nach der Dehnung beträgt sie

$$d\,r' = (r + d\,r + \varrho') - (r + \varrho) = \varrho' - \varrho + d\,r;$$

der eben berechnete Wert von ϱ' wird eingesetzt:

$$d\,r' = d\,\varrho + d\,r.$$

Abb. 69.

Die spezifische Dehnung ist dann

$$\varepsilon_r = \frac{d\,r' - d\,r}{d\,r} = \frac{d\,\varrho}{d\,r}.$$

Die berechneten Werte von ε_r und ε_t werden in die für σ_r und σ_t aufgestellten Gleichungen eingesetzt:

$$\sigma_r = \frac{E}{1 - m^2} \left(\frac{d\,\varrho}{d\,r} + m\,\frac{\varrho}{r} \right)$$

$$\sigma_t = \frac{E}{1 - m^2} \left(\frac{\varrho}{r} + m\,\frac{d\,\varrho}{d\,r} \right).$$

Die oben entwickelte allgemeine Differentialgleichung läßt sich integrieren, wenn man die veränderliche Scheibendicke b durch eine Funktion, z. B.

$$b = c \cdot r^{\beta}$$

ersetzt, in der c und β Konstante sind; die Differentialgleichung geht dann über in:

$$\frac{\gamma}{g} \cdot c \cdot r^\beta \cdot r^2\, \omega^2 + \frac{r}{d\,r}\left(c \cdot r^\beta \cdot d\,\sigma_r + c \cdot \beta \cdot r^{\beta-1} \cdot d\,r \cdot \sigma_r\right) +$$

$$+ c \cdot r^\beta \cdot (\sigma_r - \sigma_t) = 0,$$

oder

$$\frac{\gamma}{g} \cdot r^2 \cdot \omega^2 + r\,\frac{d\,\sigma_r}{d\,r} + (\beta + 1)\,\sigma_r - \sigma_t = 0\,.$$

In diese Gleichung werden eingesetzt:

1. die beiden obigen Werte von σ_r und σ_t,

2. der aus dem Ausdruck für σ_r sich ergebende Differentialquotient:

$$\frac{d\,\sigma_r}{d\,r} = \frac{E}{1 - m^2}\left(\frac{d^2\,\varrho}{d\,r^2} + m \cdot \frac{r\,d\,\varrho - \varrho\,d\,r}{\cdot\ r^2\,d\,r}\right);$$

also

$$\frac{\gamma}{g} \cdot r^2 \cdot \omega^2 + r \cdot \frac{E}{1 - m^2}\left(\frac{d^2\,\varrho}{d\,r^2} + m \cdot \frac{r\,d\,\varrho - \varrho\,d\,r}{r^2\,d\,r}\right) +$$

$$+ (\beta + 1)\frac{E}{1 - m^2}\left(\frac{d\,\varrho}{d\,r} + m\,\frac{\varrho}{r}\right) - \frac{E}{1 - m^2}\left(\frac{\varrho}{r} + m\,\frac{d\,\varrho}{d\,r}\right) = 0;$$

oder vereinfacht und geordnet:

$$\frac{d^2\,\varrho}{d\,r^2} + \frac{\beta + 1}{r} \cdot \frac{d\,\varrho}{d\,r} + (m\,\beta - 1)\frac{\varrho}{r^2} + \frac{1 - m^2}{E} \cdot \frac{\gamma}{g}\,r\,\omega^2 = 0\,.$$

Zur Eliminierung des letzten Gliedes mit r sei gesetzt:

$$\varrho = z + a\,r^3;$$

also

$$\frac{d\,\varrho}{d\,r} = \frac{d\,z}{d\,r} + 3\,a\,r^2$$

und

$$\frac{d^2\,\varrho}{d\,r^2} = \frac{d^2\,z}{d\,r^2} + 6\,a\,r\,,$$

worin a eine noch zu bestimmende Konstante ist.

$$\frac{d^2\,z}{d\,r^2} + 6\,a\,r + \frac{\beta + 1}{r}\left(\frac{d\,z}{d\,r} + 3\,a\,r^2\right) + \frac{m\,\beta - 1}{r^2}\,(z + a\,r^3) +$$

$$+ \frac{1 - m^2}{E} \cdot \frac{\gamma}{g} \cdot r\,\omega^2 = 0\,,$$

oder geordnet:

$$\frac{d^2\,z}{d\,r^2} + \frac{\beta + 1}{r} \cdot \frac{d\,z}{d\,r} + \frac{m\,\beta - 1}{r^2} \cdot z + 8\,a\,r + a\,\beta\,r\,(3 + m) +$$

$$+ \frac{1 - m^2}{E} \cdot \frac{\gamma}{g} \cdot r\,\omega^2 = 0\,.$$

Das letzte Glied mit r fällt weg, wenn

$$8\,a\,r + a\,\beta\,r\,(3+m) = -\frac{1-m^2}{E}\cdot\frac{\gamma}{g}\cdot r\,\omega^2$$

gesetzt wird; hieraus die Konstante

$$a = -\frac{1-m^2}{E}\cdot\frac{\gamma}{g}\cdot\frac{\omega^2}{8+\beta\,(3+m)}.$$

Die Differentialgleichung geht also über in:

$$\frac{d^2 z}{d\,r^2} + \frac{\beta+1}{r}\cdot\frac{d\,z}{d\,r} + \frac{m\,\beta-1}{r^2}\cdot z = 0.$$

Zur Auflösung dieser Gleichung sei:

$$\cdot\; z = c\cdot r^\psi$$

gesetzt; also

$$\frac{d\,z}{d\,r} = c\cdot\psi\cdot r^{\psi-1}$$

und

$$\frac{d^2 z}{d\,r^2} = c\cdot\psi\,(\psi-1)\cdot r^{\psi-2};$$

es wird dann nach Einsetzung dieser Werte:

$$c\cdot\psi\,(\psi-1)\cdot r^{\psi-2} + \frac{\beta+1}{r}\cdot c\cdot\psi\cdot r^{\psi-1} + \frac{m\,\beta-1}{r^2}\cdot c\cdot r^\psi = 0;$$

oder vereinfacht und geordnet:

$$\psi^2 + \beta\,\psi + m\,\beta - 1 = 0.$$

Hieraus

$$\psi_1 = -\frac{\beta}{2} + \sqrt{1 - m\beta + \frac{\beta^2}{4}},$$

$$\psi_2 = -\frac{\beta}{2} - \sqrt{1 - m\beta + \frac{\beta^2}{4}}.$$

Nach Einsetzen dieser Werte in die obige Gleichung für z ergibt sich folgende allgemeine Lösung der letzten Differentialgleichung:

$$\varrho = a\,r^3 + c_1\cdot r^{\psi_1} + c_2\cdot r^{\psi_2},$$

worin a, ψ_1 und ψ_2 die oben berechneten Werte haben und c_1 sowie c_2 die aus den Grenzbedingungen zu ermittelnden Integrationskonstanten sind.

Aus der letzten Gleichung ergibt sich

$$\frac{d\varrho}{dr} = 3\,a\,r^2 + c_1\,\psi_1\,r^{\psi_1-1} + c_2\,\psi_2\,r^{\psi_2-1}\,.$$

Dieser Wert für $\dfrac{d\varrho}{dr}$ sowie der zuletzt berechnete Wert von ϱ

werden in die beiden letzten für σ_r und σ_t berechneten Ausdrücke eingesetzt:

$$\sigma_r = \frac{E}{1-m_2}\left[3\,a\,r^2 + c_1\,\psi_1\,r^{\psi_1-1} + c_2\,\psi_2\,r^{\psi_2-1} + \right.$$
$$\left. + \frac{m}{r}\,(a\,r^3 + c_1\,r^{\psi_1} + c_2\,r^{\psi_2})\right],$$

$$\sigma_t = \frac{E}{1-m^2}\left[\frac{1}{r}\,(a\,r^3 + c_1\,r^{\psi_1} + c_2\,r^{\psi_2}) + \right.$$
$$\left. + m\,(3\,a\,r^2 + c_1\,\psi_1\,r^{\psi_1-1} + c_2\,\psi_2\,r^{\psi_2-1})\right].$$

Durch Vereinfachung entsteht:

$$\sigma_r = \frac{E}{1-m^2}\left[a\,r^2\,(3+m) + c_1\,r^{\psi_1-1}\,(\psi_1+m) + \right.$$
$$\left. + c_2\,r^{\psi_2-1}\,(\psi_2+m)\right],$$

$$\sigma_t = \frac{E}{1-m_2}\left[a\,r^2\,(1+3\,m) + c_1\,r^{\psi_1-1}\,(1+m\,\psi_1) + \right.$$
$$\left. + c_2\,r^{\psi_2-1}\,(1+m\,\psi_2)\right].$$

Der Schnitt durch die Radscheibe erhält die Gestalt nach Abb. 70 und wird in eine Anzahl, z. B. 6, Teile I bis VI mit den Radien r_0 bis r_6 geteilt. Die kleinste Stärke b_3 wird angenommen und zunächst gradlinig begrenzt bis zum Wellenmittel auf b_0 zunehmend aufgezeichnet; letztere Dicke kann nach der im folgenden dargestellten Berechnungsweise einer **Scheibe gleicher Festigkeit** angenommen werden:

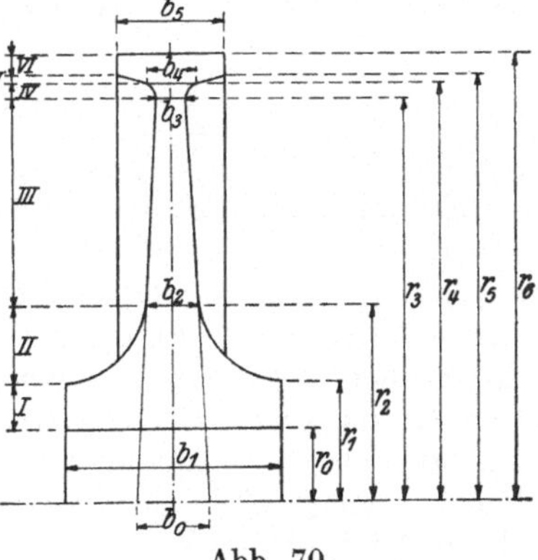

Abb. 70.

Die Bedingung für eine solche Scheibe ist

$$\sigma_r = \sigma_t = \sigma = \text{konst.}$$

Durch Einführung dieser Bedingung in die **allgemeine Differentialgleichung** (S. 83) geht diese über in:

$$\frac{\gamma}{g} \cdot b \cdot r^2 \cdot \omega^2 + \frac{r}{dr}(b \cdot d\sigma + db \cdot \sigma) + b(\sigma - \sigma) = 0 ;$$

oder mit $d\sigma = 0$ und mit σ, b und r dividiert:

$$\frac{\gamma}{g} \cdot \frac{r\,\omega^2}{\sigma} + \frac{1}{b} \cdot \frac{db}{dr} = 0$$

oder
$$\frac{d(\log \text{nat } b)}{dr} = -\frac{\gamma}{g} \cdot \frac{r\,\omega^2}{\sigma} ;$$

integriert
$$\log \text{nat } b = -\frac{\gamma}{g} \cdot \frac{\omega^2}{\sigma} \cdot \frac{r^2}{2} + k' ;$$

hieraus
$$b = e^{-\frac{\gamma}{g} \cdot \frac{\omega^2}{\sigma} \cdot \frac{r^2}{2} + k'} = \frac{e^{k'}}{e^{\frac{\gamma}{g} \cdot \frac{\omega^2}{\sigma} \cdot \frac{r^2}{2}}} = \frac{k}{e^{\frac{\gamma}{g} \cdot \frac{\omega^2}{\sigma} \cdot \frac{r^2}{2}}} \quad \text{gesetzt.}$$

Da diese Gleichung für alle Radien, also auch für $r = 0$ gilt,
so läßt sich mit $r = 0$ die Integrationskonstante k bestimmen; aus

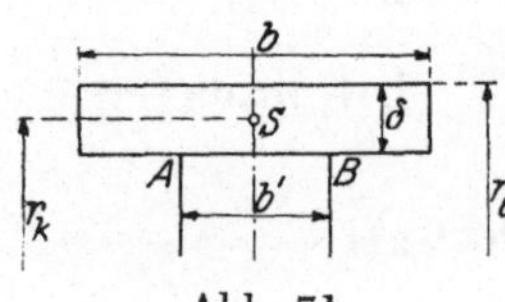
Abb. 71.

$$b_0 = \frac{k}{e^0}$$

ergibt sich $\qquad k = b_0,$

worin b_0 die gedachte Scheibendicke im
Wellenmittel bedeutet; es wird demnach

$$b = \frac{b_0}{e^{\frac{\gamma}{g} \cdot \frac{\omega^2}{\sigma} \cdot \frac{r^2}{2}}} \qquad \text{oder} \qquad \boldsymbol{b_0 = b \cdot e^{\frac{\gamma}{g} \cdot \frac{\omega^2}{\sigma} \cdot \frac{r^2}{2}}.}$$

Nimmt man, wie oben angegeben, $b_3 = b$ an, so läßt sich b_0 mit
$r = r_3$ berechnen.

Nun fehlt noch eine Gleichung für die **größte zulässige Kranzstärke** δ (Abb. 71), die so zu bemessen ist, daß im Querschnitt AB
die vorher angenommene Spannung σ nicht überschritten wird.
Der Kranz wird zunächst als frei umlaufender Ring betrachtet,
die tangentiale Zugspannung seines Querschnittes sowie die radiale
Verschiebung seiner Innenseite (an AB) berechnet und letztere
gleich der radialen Verschiebung der Scheibe bei AB gesetzt.

Die Spannung σ_u eines rotierenden Ringes berechnet sich nach Abb. 72 wie folgt:

Am Ringelement $r_k \cdot d\alpha \cdot b_5 \cdot \delta$ greift die Fliehkraft

$$d\,C = \left(\frac{\gamma}{g} \cdot r_k \cdot d\alpha \cdot b_5 \cdot \delta\right) \cdot r_k \cdot \omega^2$$

an. Nimmt man DE als gefährliche Querschnitte an, so wird die Summe der zu DE senkrecht gerichteten Komponenten

$$C = \int d\,C \cdot \sin\alpha = \int_{\alpha=0}^{\alpha=\pi} \frac{\gamma}{g} \cdot r_k^2 \cdot b_5 \cdot \delta \cdot \omega^2 \cdot d\alpha \sin\alpha = 2\,\frac{\gamma}{g} \cdot r_k^2 \cdot b_5 \cdot \delta \cdot \omega^2.$$

Die beanspruchten Querschnitte haben die Größe

$$F = 2\,b_5\,\delta;$$

also Spannung

$$\sigma_u = \frac{C}{F} = \frac{2\,\dfrac{\gamma}{g} \cdot r_k^2\,b_5\,\delta\,\omega^2}{2\,b_5\,\delta}$$

$$= \frac{\gamma}{g}\,r_k^2\,\omega^2$$

oder mit

$$r_k\,\omega = u_k \sim u$$

(am äußeren Kranzumfang)

$$\sigma_u = \frac{\gamma}{g}\,u^2.$$

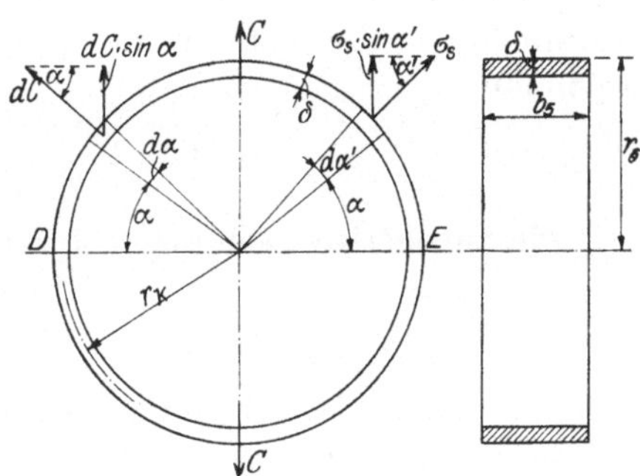

Abb. 72.

σ_u hängt demnach nur von der Umfangsgeschwindigkeit des Ringes ab.

Dazu kommt die Fliehkraft der Schaufeln, die auf 1 qcm des Umfanges die radial gerichtete Spannung σ_s erzeugen möge; die zugehörige, auf einem Bogenelement $r \cdot d\alpha'$ wirkende, senkrecht zu DE gerichtete Komponente dieser Fliehkraft beträgt

$$r \cdot d\alpha' \cdot b_5\,\sigma_s \cdot \sin\alpha'.$$

Ihre Resultierende ergibt sich durch Integration über den Halbkreis zu

$$C_s = \int_{\alpha'=0}^{\alpha'=\pi} r \cdot d\alpha' \cdot b_5 \cdot \sigma_s \cdot \sin\alpha' = 2\,b_5\,r\,\sigma_s.$$

Die dadurch in den Kranzquerschnitten DE erzeugte Spannung beträgt

$$\frac{C_s}{F} = \frac{2\,b_5\,r\,\sigma_s}{2\,b_5\,\delta} = \frac{r}{\delta}\,\sigma_s;$$

also die Summe der Kranzspannungen für den frei rotierenden Ring

$$\sigma_k' = \sigma_u + \frac{r}{\delta}\,\sigma_s.$$

Der Kranz rotiert jedoch nicht frei, sondern hängt mit der Scheibe in einer Dicke b' nach Abb. 71 (oder b_3 nach Abb. 72) zusammen. Die hier herrschende Spannung σ erzeugt eine auf DE wirkende Kraft von der Größe

$$2\,b'\,r\,\sigma,$$

welche in den Querschnitten DE die Spannung um

$$\frac{2\,b'\,r\,\sigma}{2\,b_5\,\delta} = \frac{b'}{b_5}\cdot\frac{r}{\delta}\cdot\sigma$$

vermindert. Also beträgt die gesamte, durch den Kranz erregte Spannung

$$\sigma_k = \sigma_u + \frac{r}{\delta}\,\sigma_s - \frac{b'}{b_5}\cdot\frac{r}{\delta}\cdot\sigma.$$

Die zugehörige Dehnung beträgt

$$\varepsilon_k = \frac{\sigma_k}{E}$$

und die radiale Verschiebung eines Punktes auf der **Innenseite des Kranzes** angenähert (wie S. 84)

$$\varrho_k = \varepsilon_k\cdot r = \frac{r}{E}\left(\sigma_u + \frac{r}{\delta}\,\sigma_s - \frac{b'}{b_5}\cdot\frac{r}{\delta}\cdot\sigma\right).$$

Die radiale Verschiebung eines Punktes der **Scheibe** an derselben Stelle wurde nach S. 84 zu

$$\varrho = \varepsilon_t\cdot r = \frac{\sigma_t - m\,\sigma_r}{E}\cdot r,$$

also mit

$$\sigma_t = \sigma_r = \sigma$$

zu

$$\varrho = \frac{1-m}{E}\cdot r\cdot\sigma$$

berechnet.

Beide Verschiebungen werden gleichgesetzt; also

$$\varrho_k = \varrho$$

oder

$$\frac{r}{E}\left(\sigma_u + \frac{r}{\delta}\,\sigma_s - \frac{b'}{b_5}\cdot\frac{r}{\delta}\,\sigma\right) = \frac{1-m}{E}\cdot r\cdot\sigma;$$

hieraus **größte Kranzstärke**

$$\delta_{max} = \frac{\dfrac{b'}{b_5}\,\sigma - \sigma_s}{\sigma_u - (1-m)\,\sigma} \cdot r\,.$$

Nach diesen Darlegungen gestaltet sich der **Berechnungsgang** für ein Laufrad mit Beziehung auf Abb. 70 wie folgt: Die kleinste Scheibendicke b_3 wird angenommen, etwa $b_3 = 0{,}01 \times$ Raddurchmesser, kleinster Wert $b_3 = 10$ bis 12 mm, das Scheibenprofil wird zunächst gradlinig begrenzt, die größte Scheibendicke im Wellenmittel beträgt nach S. 88

$$b_0 = b_3\, e^{\frac{\gamma}{g} \cdot \frac{r_3^2\,\omega^2}{2\,\sigma}},$$

wobei σ bis 1200 kg für SM-Stahl eingesetzt werden kann.

Die Fliehkraft der Schaufeln beträgt bei einem gesamten Schaufelgewicht von Q kg und einem mittleren Radius R des Schaufelkranzes

$$C_s' = \frac{Q}{g}\,R\,\omega^2\,;$$

also die durch C_s' erzeugte Spannung am äußeren Kranzumfang

$$\sigma_s = \frac{C_s'}{2\,r_6\,\pi\,b_5}\,;$$

ferner nach S. 89 $\qquad \sigma_u = \dfrac{\gamma}{g}\,u^2\,;$

demnach $\qquad \delta_{max} = \dfrac{\dfrac{b_3}{b_5}\,\sigma - \sigma_s}{\sigma_u - (1-m)\,\sigma} \cdot r\,,$

wobei $m = 0{,}3$ sowie b_5 anzunehmen ist.

Das Radprofil ist in 6 Teile zerlegt; die einzelnen Teile werden durch Kurven von der Form

$$b = c\,r^\beta$$

begrenzt; die Werte von β werden wie folgt festgelegt:

I. Teil: Nabe mit der konstanten Breite b_1:

$$\beta_I = 0$$

$$a_I = -\frac{1-m^2}{E} \cdot \frac{\gamma}{g} \cdot \frac{\omega^2}{8} \qquad \text{(nach S. 86)}$$

$$\psi'_1 = +1;\ \psi'_2 = -1 \qquad \text{(nach S. 86)}.$$

Die Integrationskonstanten c_1' und c_2' werden aus den S. 87 fett gedruckten Formeln für σ_r und σ_t berechnet. Es sind hier einzusetzen:

a) $\sigma_{r_0} = 0$

b) die oben berechneten Werte für a_I, ψ_1' und ψ_2'.

In den sich ergebenden Ausdrücken für c_1' und c_2' erscheint σ_{t_0} vorläufig als Unbekannte.

II. Teil: r_2 und b_2 werden nach Abb. 70 angenommen. Die Profilgleichung liefert

$$b_1 = c\, r_1^{\beta_{II}} \quad \text{und} \quad b_2 = c\, r_2^{\beta_{II}};$$

hieraus

$$\frac{b_1}{b_2} = \left(\frac{r_1}{r_2}\right)^{\beta_{II}};$$

also

$$\beta_{II} = \frac{\log b_1 - \log b_2}{\log r_1 - \log r_2}.$$

Danach sind a_{II}, ψ_1'' und ψ_2'' wie beim I. Teil zu berechnen und in die Ausdrücke von σ_r und σ_t einzusetzen. Dieselben Gleichungen sind auch mit r_1, a_I, ψ_1' und ψ_2' zu bilden, so daß man sowohl für σ_r als auch für σ_t je 2 Gleichungen erhält. Nach Elimination von σ_r und σ_t bleiben 2 Gleichungen, die nach c_1'' und c_2'' aufgelöst werden und nur noch σ_{t_0} als Unbekannte enthalten.

Ebenso werden die Konstanten c_1''' und c_2''' für den **dritten** und jeden folgenden Teil berechnet. Jede dieser Gleichungen enthält noch σ_{t_0}.

Um σ_{t_0} zu berechnen, setzt man in die Spannungsgleichung

$$\sigma_r = \frac{E}{1-m^2}\left[a\, r^2\,(3+m) + c_1\, r^{\psi_1-1}\,(\psi_1+m) + \right.$$
$$\left. + c_2\, r^{\psi_2-1}\,(\psi_2+m)\right]$$

die Werte des 6. Teiles, also a_6, r_6, c_1^{VI}, c_2^{VI}, ψ_1^{VI}, ψ_2^{VI}, sowie als Randspannung $\sigma_{r_6} = \sigma_s$ die durch die Fliehkraft der Schaufeln erzeugte Spannung ein und löst die erhaltene Gleichung nach σ_{t_0} auf. Diesen Wert setzt man in die Ausdrücke für die Integrationskonstanten c_1, c_2, c_1', c_2'' usw. ein und erhält letztere als Zahlenwerte. Durch Einsetzen derselben in die Spannungsgleichungen für σ_r und σ_t ergaben sich die in den einzelnen Querschnitten herrschenden Spannungen. **Durch Anbohrungen können an einzelnen Stellen die Spannungen erheblich steigen.**

Fünfter Teil

Turbinen für besondere Zwecke.

I. Abdampfturbinen.

Einer der Hauptvorzüge der Dampfturbine gegenüber der Kolbenmaschine ist die gute Ausnutzung eines hohen Vakuums. An den Stellen, wo genügend Abdampf von atmosphärischer Spannung zur Verfügung steht, ist deshalb die Dampfturbine vorzüglich geeignet, das Wärmegefäll dieses Abdampfes bis zum Kondensatordruck herab zu Kraftzwecken auszunutzen. Solche Stellen sind ortsfeste Maschinen, die aus praktischen Gründen nur mit Auspuff betrieben werden können, z. B. Dampfhämmer, Förder- und Walzenzugmaschinen. Das Mollierdiagramm zeigt, daß im Abdampf dieser Maschinen recht beträchtliche Wärmemengen enthalten sind. Expandiert z. B. trocken gesättigter Dampf von 1 ata adiabatisch auf 0,05 ata, so stehen in jedem Kilogramm Dampf 103 WE zur Verfügung. Läßt man zum Vergleich 1 kg Dampf von 12 ata und 300° auf 1 ata adiabatisch expandieren, dann beträgt das Wärmegefäll 120 WE, also nicht viel mehr.

Wegen der ungleichmäßigen Abdampflieferung und der Betriebspausen der genannten Auspuffmaschinen leitet man jedoch den Abdampf nicht unmittelbar in die Turbine, sondern zunächst in einen Wärmespeicher (Dampfakkumulator). Dieser ist eine mit Wasser oder auch nur mit Dampf gefüllter geschlossener Zylinder oder nach Art eines Gasbehälters gebaute Glocke oder auch ein dünnwandiger Dampfkessel, in dessen Wasserinhalt der Abdampf sich niederschlägt. Im Beharrungszustand ist der Druck im Innern des Wärmespeichers gleich dem normalen Auspuffdruck und der Dampf tritt mit diesem Druck in die Turbine ein.

Liefert die Auspuffmaschine mehr Dampf, als die Turbine augenblicklich gebraucht, dann steigt der Druck im Wärmespeicher etwas. Die Drucksteigerung ist um so kleiner, je größer der Wasserinhalt des Speichers ist. Liefert dagegen die Auspuffmaschine weniger Dampf, als die Turbine augenblicklich gebraucht oder steht sie gerade still, dann gibt der Wärmespeicher aus seinem Vorrat den Dampf für die Turbine ab, wobei der Druck natürlich etwas abnimmt. Um ein zu hohes Steigen des Speicherdruckes zu verhindern, ist ein **Sicherheitsventil** erforderlich; zum Schutz gegen Entstehung eines Vakuums im Speicher bei zu geringer Dampflieferung dient ein **Rückschlagventil**.

Eine in dieser Weise arbeitende Turbine ist eine **reine Abdampfturbine,** die sich in ihrer Bauart nur wenig von den gebräuchlichen Turbinen unterscheidet. Sie beginnt wegen des fehlenden Hochdruckteiles mit größeren Querschnitten, enthält auch deshalb weniger Stufen und wird sowohl als Gleichdruck- wie auch als reine Überdruckturbine ausgeführt. In letzterem Fall wird häufig zur Aufnahme des Axialschubes und zur Ermöglichung der großen Austrittsquerschnitte der Dampfstrom geteilt (**Doppelturbine**): Der Dampf tritt in der Mitte der Schaufelung der Lauftrommel ein und strömt nach beiden Seiten in axialer Richtung nach den beiden Anschlußstutzen zum Kondensator oder umgekehrt.

Schwankt die Leistung der dampfliefernden Maschine zu sehr oder hat man mit längeren Betriebspausen derselben zu rechnen, dann schaltet man der geteilten Niederdrucktrommel einen mit Frischdampf betriebenen Hochdruckteil vor **(Zweidruckturbine),** die wie folgt arbeitet: Für gewöhnlich ist nur der Niederdruckteil in Betrieb.

Steigt bei ganz geöffnetem Einlaßventil des Niederdruckteiles die Turbinenleistung weiter, oder genügt die Abdampfmenge nicht mehr, dann öffnet sich durch den Einfluß des Reglers das Einlaßventil für den Frischdampf und läßt Frischdampf in den Hochdruckteil eintreten.

II. Gegendruckturbinen.

Wie bei den Kolbenmaschinen läßt sich auch bei Turbinen der Abdampf zu Heizzwecken ausnützen, besonders in chemischen Fabriken, Papier-, Zuckerfabriken, Brauereien usw. Die Verwendung von Abdampf ist wirtschaftlicher als die von gedrosseltem Frischdampf, weil hier ein Teil der durch Drosselung vernichteten Energie in nutzbare Arbeit umgesetzt wird.

Die **reine Gegendruckturbine** ist wie eine gewöhnliche Turbine **ohne Niederdruckteil gebaut.** Zur Gleichhaltung des Gegendruckes ist ein **Druckregler** erforderlich, der bei zu hohem Gegendruck, d. h. großer Leistung der Turbine oder geringem Bedarf an Heizdampf den überschüssigen Dampf ins Freie entweichen läßt.

Wird jedoch die Leistung der Turbine im Verhältnis zur erforderlichen Heizdampfmenge zu klein, dann sinkt der Gegendruck, und der Druckregler läßt gedrosselten Frischdampf in die Heizleitung.

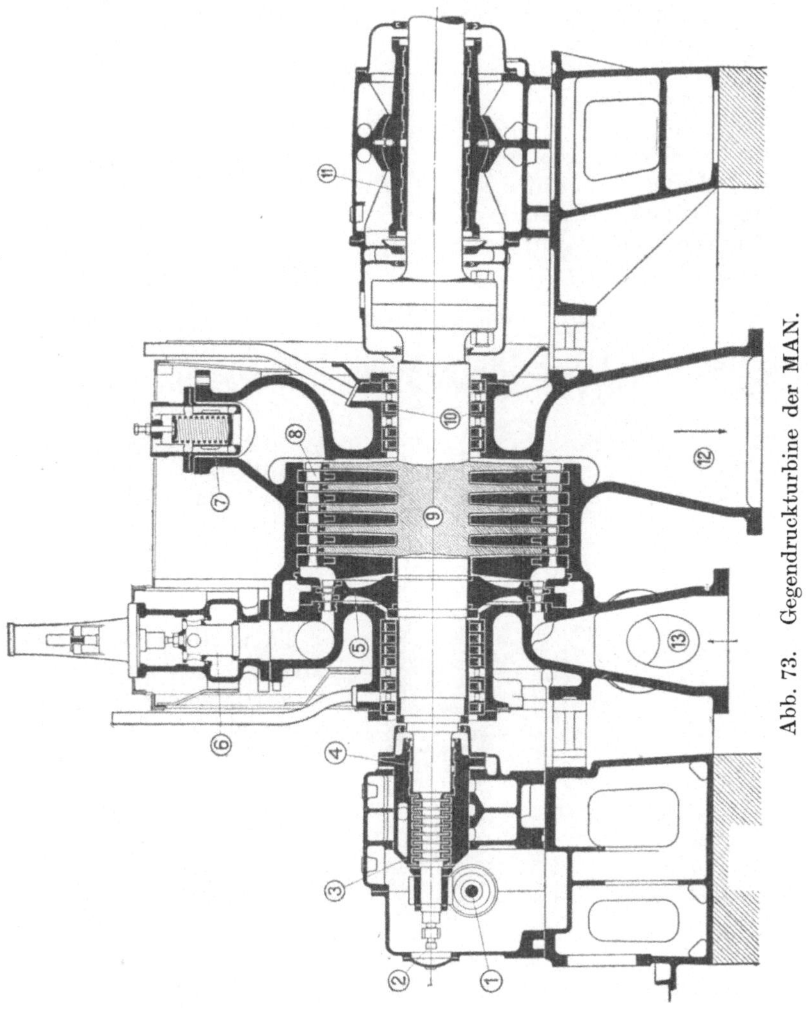

Abb. 73. Gegendruckturbine der MAN.

Eine Gegendruckturbine mit zweistufigem Geschwindigkeitsrad und 5 Druckstufen der MAN zeigt Abb. 73. Die Hauptteile derselben sind:

1. Welle für Regler und Zahnradölpumpe,
2. Sicherheitsregler,
3. Kammlager,
4. Vorderes Traglager,
5. Geschwindigkeitsrad,
6. Düsenregelventil,
7. Sicherheitsventil,
8. Leitrad,
9. Läufer,
10. Kohlenstopfbüchse,
11. Hinteres Traglager,
12. Abdampfstutzen,
13. Frischdampfstutzen.

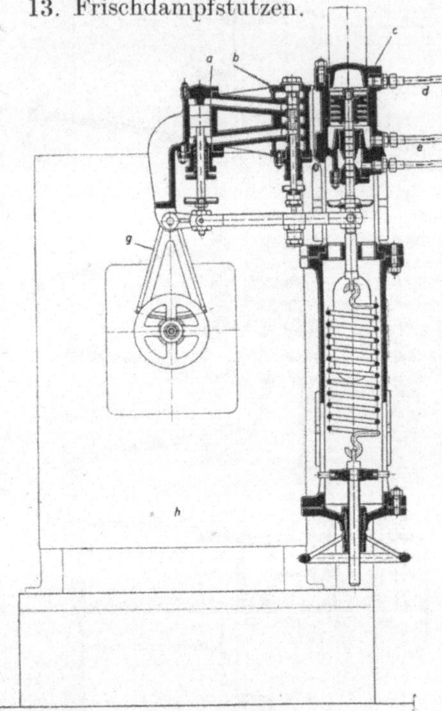

Abb. 74. Regelung der GMA für Gegendruckturbinen.

Im allgemeinen sind im Betrieb von Gegendruckturbinen folgende 3 Fälle möglich:

1. **Einzelbetrieb.** Der Generator ist mit anderen Dynamos nicht parallel geschaltet, d. h. seine Drehzahl ist durch seinen eigenen Geschwindigkeitsregler gleichmäßig zu halten. Die Regelung erfolgt dann wie oben angegeben.

2. **Parallelbetrieb mit Drehstromgeneratoren.** Hierbei wird die Drehzahl der Gegendruckturbine durch die Periodenzahl des Netzes gleichmäßig gehalten, so daß ein Geschwindigkeitsregler der Gegendruckturbine überflüssig sein könnte. Die Regelung erfolgt dann so, daß das Hauptventil von einem wegen des Parallelschaltens und möglichen Arbeitens ohne andere Generatoren doch vorhandenen Geschwindigkeitsregler beeinflußt wird, während ein Druckregler, der den Gegendruck gleichmäßig hält, die Zusatzdüsengruppen beeinflußt.

3. **Parallelbetrieb mit Gleichstromgeneratoren.** Der Druckregler beeinflußt unmittelbar den Nebenschlußwiderstand des Dynamo und paßt so deren Leistung dem wechselnden Bedarf an Abdampf an. Eine derartige Ausführung der GMA ist in Abb. 74 wiedergegeben; g ist ein vom Druckregler gesteuerter Hebel, der mittels Zahnsegment und Zahnrad das Schaltrad des Nebenschlußwiderstandes verstellt.

Will man der Turbine Heizdampf von verschiedenem Druck, z. B. 1—2 at und 3—5 at gleichzeitig oder überhaupt Dampf von höherer Spannung entnehmen, so verwendet man vorteilhaft eine **Anzapfturbine,** im ersten Fall also eine Anzapf-Gegendruckturbine, in letzterem Falle eine Anzapfturbine mit Kondensation. Der Dampf von höherem Druck wird dabei einer mittleren Gefällstufe entnommen. Wenn kein Heizdampf entnommen wird, arbeitet die Anzapfturbine wie eine gewöhnliche Turbine; wird dagegen nur Heizdampf von niederer Spannung gebraucht, dann ist ihre Arbeitsweise gleich der einer Gegendruckturbine. An der Anzapfstelle befindet sich zur Gleichhaltung des Zwischendruckes ein Überströmventil.

III. Schiffsturbinen.

Der Bau von Turbinen zum Antrieb von Schiffsschrauben bietet zwei Schwierigkeiten:

a) Die Schiffsschraube verlangt zur Erzielung eines guten Wirkungsgrades verhältnismäßig geringe Umlaufzahlen, während die Turbine nur bei verhältnismäßig hohen Drehzahlen mit günstigem Wirkungsgrad arbeitet;

b) die Dampfturbine ist bis jetzt noch nicht mit praktischem Erfolg umsteuerbar gebaut worden; deshalb ist eine besondere Rückwärtsturbine notwendig, an deren Wirtschaftlichkeit allerdings nicht die hohen Ansprüche der Marschturbine gestellt zu werden brauchen.

Man teilt durch Verwendung von zwei bis vier Schrauben mit Einzelantrieb die Gesamtleistung und gibt den Turbinenrädern möglichst große Durchmesser und viele Stufen, um bei großer Umfangsgeschwindigkeit die Umlaufzahl herabzudrücken; gleichzeitig erhält man kleinere Schraubendurchmesser, die höhere Drehzahlen vertragen. Zur Verkürzung der Baulängen legt man beim Vierwellen-Antrieb Hoch- und Niederdruckturbine auch nebeneinander und treibt mit jedem Teil eine Welle an. Als Hochdruckteil werden mehrfach hintereinandergeschaltete Curtisräder, als Niederdruckteil die vielstufige Gleich- oder Überdruckturbine verwendet. Die normalen minutlichen Drehzahlen bewegen sich zwischen 200 und 500. Die Rückwärtsturbine läuft gewöhnlich im Vakuum leer mit und erhält bei der Rückwärtsfahrt ihren Dampf durch ein besonderes Ventil, während die Vorwärtsturbine im Vakuum leer mitläuft. Die erstere besitzt viel weniger Stufen als die letztere.

Um gleichzeitig die günstigste Umlaufzahl der Turbine mit derjenigen der Schraube zu verbinden, ist die Einschaltung einer Übersetzung ins Langsame erforderlich. Dies kann erfolgen durch

    1. Zahnräderübersetzung,

    2. elektrische Übertragung mittels Motor und Dynamos,

    3. hydraulische Kupplung.

Die bekannteste der letzteren ist der **Föttinger-Transformator,** der

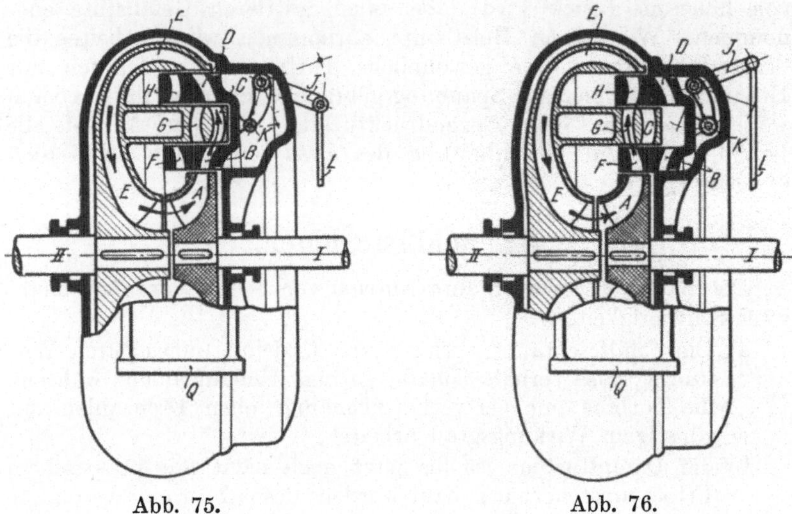

Abb. 75.   Abb. 76.

zugleich umsteuerbar ist und wie folgt arbeitet: Auf einer gemeinsamen Welle sitzt die Dampfturbine und eine Kreisel-Wasserpumpe. Auf einer zweiten Welle, deren Achse in die Verlängerung der ersten fällt, sitzt eine Wasserturbine und die Schiffsschraube. Das Druckwasser der Kreiselpumpe strömt in die Wasserturbine und von da in die Kreiselpumpe zurück. Die Umsteuerung erfolgt entweder durch Anordnung zweier Kreisläufe, von denen die eine Turbine die Schraube für Vorwärtsfahrt, die zweite für Rückwärtsfahrt antreibt und die durch einen entlasteten Steuerschieber abwechselnd eingeschaltet oder entleert werden, oder mit einem einzigen Kreislauf, einem verschiebbaren Leitrad und zwei Laufschaufelsystemen der Wasserturbine für entgegengesetzte Drehrichtungen. Letztere Aus-

Transformator
Dampfzugangsrohr
Auspuff nach Kondensator
C.W.L.
Regulator
Tank
Rückförderpumpe
Steuerschieber
Flur
Spant 18
1030
341
340
450
Z
7*

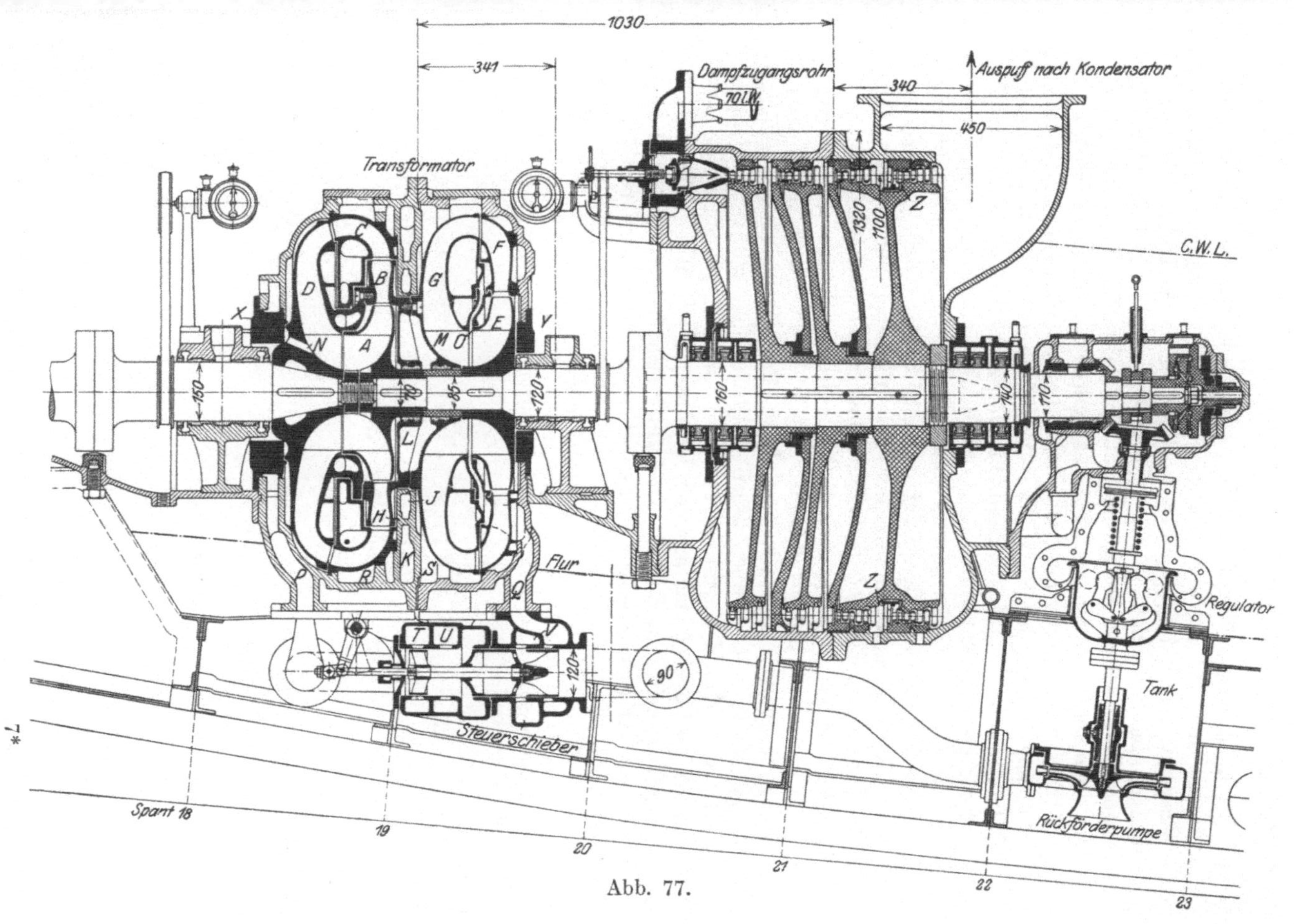

Abb. 77.

führung ist in Abb. 75 und 76[1]) dargestellt: *I* ist die Welle der Dampfturbine und der Kreiselpumpe *A*, *II* die Welle der zweistufigen Wasserturbine und der Schiffsschraube; die Wasserturbine ist zweistufig; die Leitschaufeln sind in einem verschiebbaren Gehäuse angeordnet. Bei der Schaltung Abb. 75 wirken die Leitschaufeln *B* auf die erste Stufe mit den Laufschaufeln *C* und die Leitschaufeln *D* auf die zweite Stufe mit den Laufschaufeln *E*. Die Rückwärtsschaltung erfolgt durch die Hebelverbindung *L J K*, welche nach Abb. 76 die Leitschaufeln verschiebt. Jetzt wirken die Leitschaufeln *F* auf die erste Stufe mit den Laufschaufeln *G* und die Leitschaufeln *H* auf die zweite Stufe mit den Laufschaufeln *E*. Eine Ausführung mit zwei getrennten Kreisläufen zeigt Abb. 77[1]), S. 99, aus der auch die Gesamtanordnung der Dampfturbine hervorgeht. Der Vorwärtskreislauf *A B C D* besitzt eine zweistufige Wasserturbine. *A* ist die Kreiselpumpe, *B* sind die Laufschaufeln der ersten Stufe, *C* die Leitschaufeln für die Laufschaufeln der zweiten Stufe *D*. *E* ist die Kreiselpumpe für den einstufigen Rückwärtskreislauf, dessen Leitschaufeln mit *F* und dessen Laufschaufeln mit *G* bezeichnet sind. *A*, *C*, *E* und *F* sind mit der Welle der Dampfturbine fest verbunden und drehen sich mit dem Gehäuse, *D* ist auf der Schraubenwelle festgekeilt. *D*, *B* und *G* sind unter sich verbunden und drehen sich mit der Schraubenwelle. Der Steuerschieber leitet das Wasser durch die Kanäle *P* und *N* in den Vorwärtskreislauf, durch die Kanäle *Q* und *O* in den Rückwärtskreislauf.

---

[1]) Nach Stodola, Dampf- und Gasturbinen 6. Aufl. Berlin: Julius Springer 1924.

Druck der Spamerschen Buchdruckerei in Leipzig.

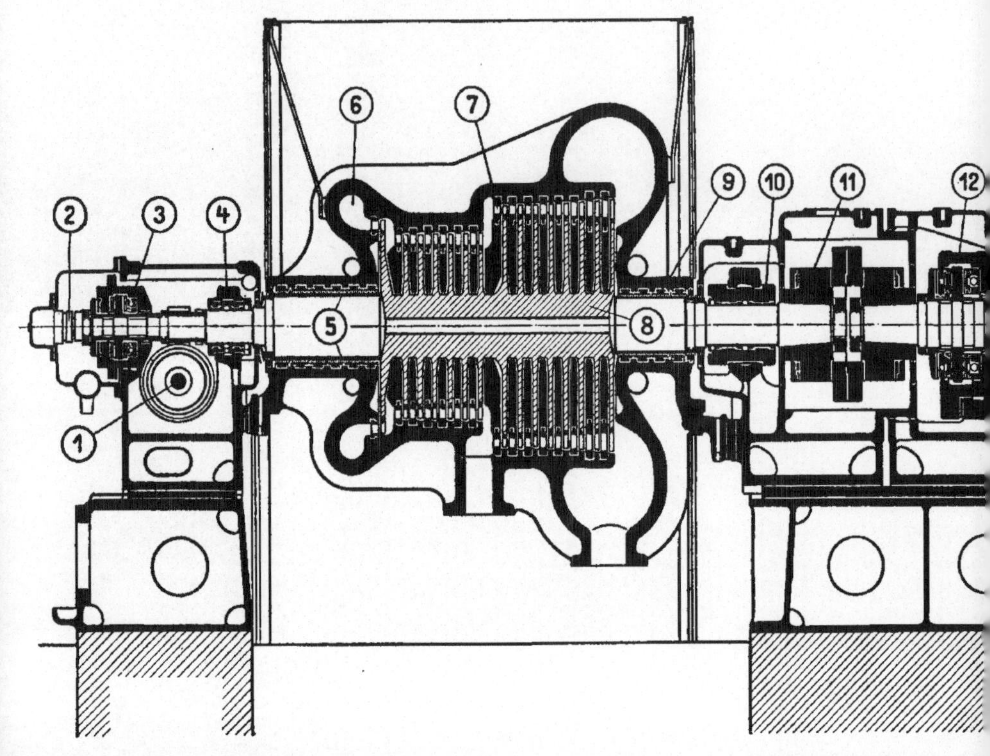

Abb. 26. Zweigehä

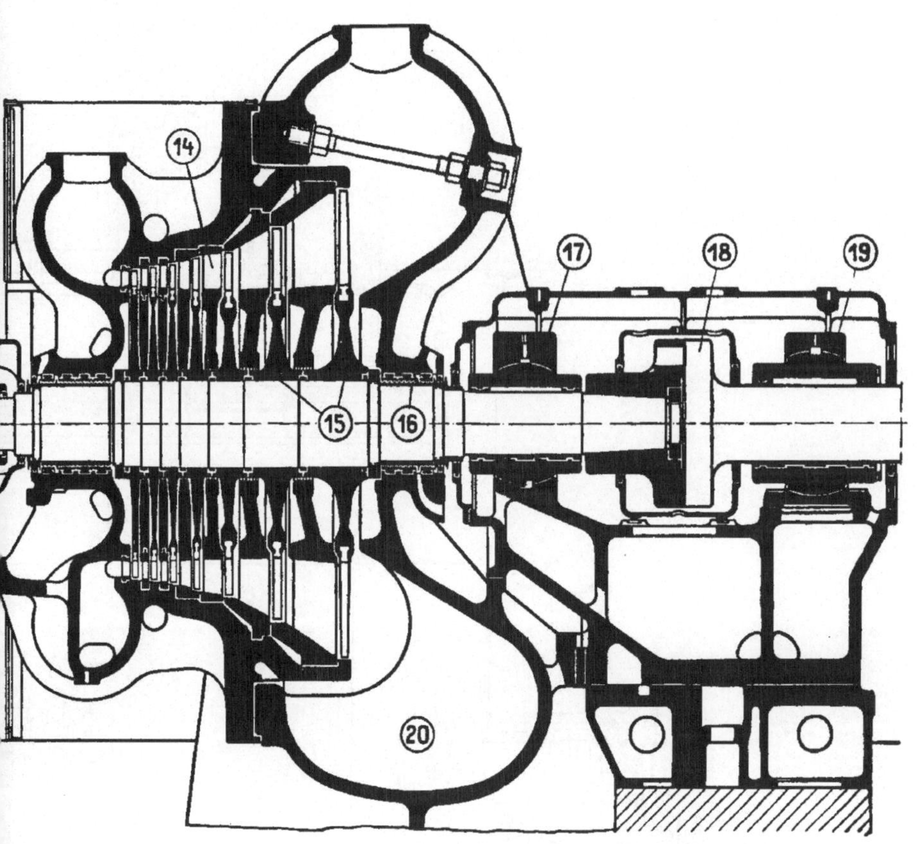

rbine der MAN.

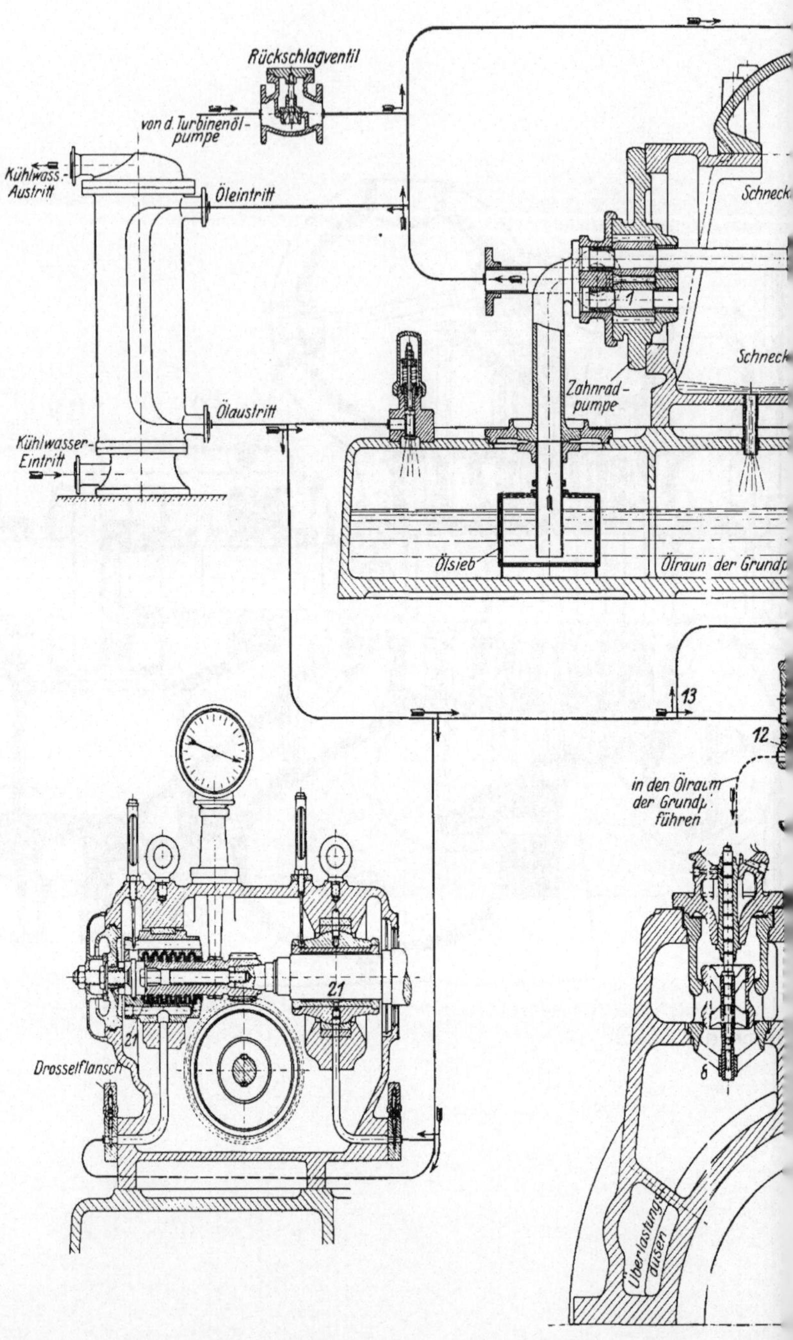

Rückschlagventil
von d. Turbinenöl-pumpe
Kühlwass.-Austritt
Öleintritt
Schneck
Schneck
Zahnrad-pumpe
Kühlwasser-Eintritt
Ölaustritt
Ölsieb
Ölraum der Grundp
13
12
in den Ölraum der Grundp. führen
21
21
6
Drosselflansch
Überlastungsdüsen
Abb. 41. Regel

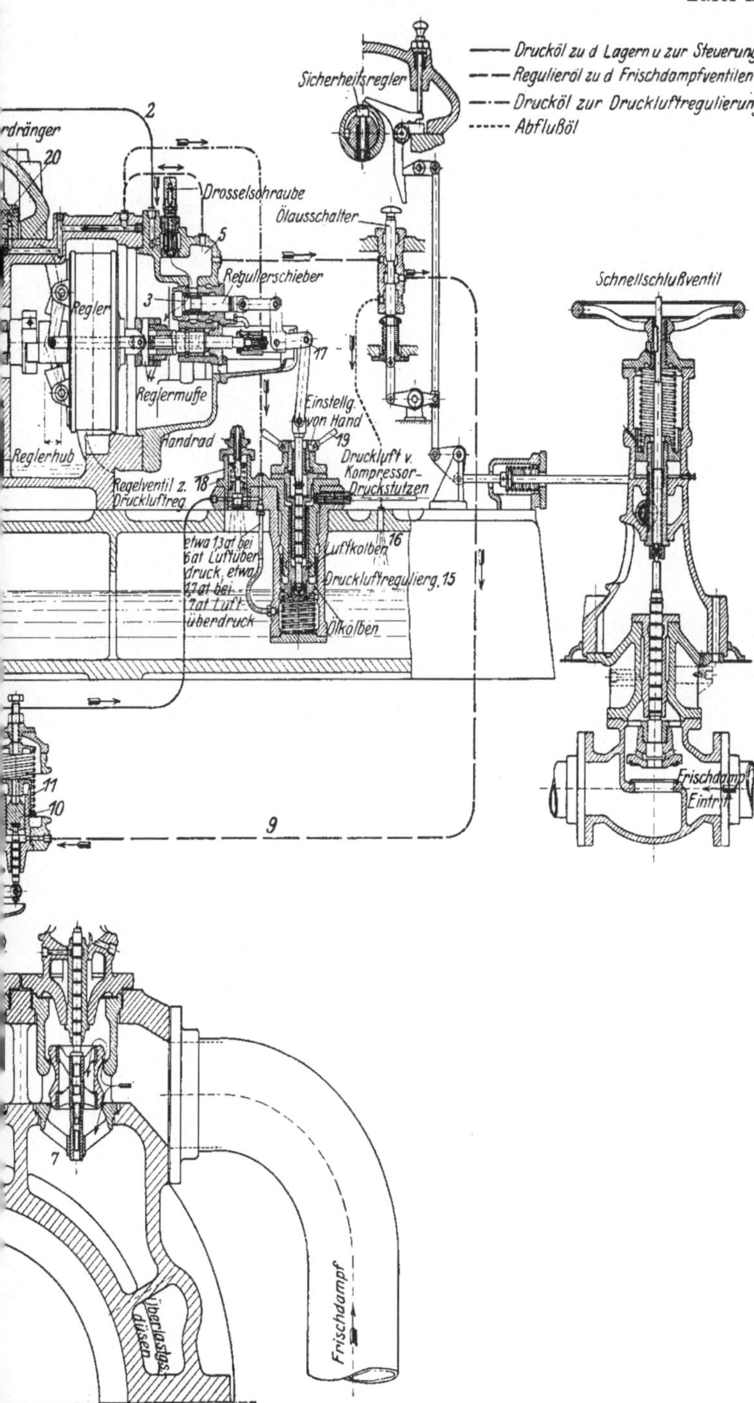

Verlag von Julius Springer, Berlin.

Anleitung zur Berechnung einer Dampfmaschine. Ein Hilfsbuch für den Unterricht im Entwerfen von Dampfmaschinen. Von Geh. Hofrat, Professor **R. Graßmann,** Reg.-Baumeister a. D., Karlsruhe i. B. Vierte, umgearbeitete und stark erweiterte Auflage. Mit 25 Anhängen, 471 Figuren und 2 Tafeln. XV, 643 Seiten. 1924.   Gebunden RM 28.—

O. Lasche, Konstruktion und Material im Bau von Dampfturbinen und Turbodynamos. Dritte, umgearbeitete Auflage von **W. Kieser,** Abteilungsdirektor der AEG-Turbinenfabrik. Mit 377 Textabbildungen. VIII, 190 Seiten. 1925.   Gebunden RM 18.75

Theorie und Bau der Dampfturbinen. Von Ingenieur Dr. **Herbert Melan,** Privatdozent an der Deutschen Technischen Hochschule in Prag. (Technische Praxis, Band 29.) Mit 3 Tafeln, 163 Abbildungen und mehreren Zahlentafeln. 320 Seiten. 1922.   Gebunden RM 2.50

(Verlag von Julius Springer / Wien)

Die Schaltungsarten der Haus- und Hilfsturbinen. Ein Beitrag zur Wärmewirtschaft der Kraftwerksbetriebe. Von Dr.-Ing. **Herbert Melan.** Mit 33 Textabbildungen. VI, 120 Seiten. 1926.
RM 10.50; gebunden RM 12.—

Die Steuerungen der Dampfmaschinen. Von Professor **Heinrich Dubbel,** Ingenieur. Dritte, umgearbeitete und erweiterte Auflage. Mit 515 Textabbildungen. V, 394 Seiten. 1923.   Gebunden RM 10.—

Regelung der Kraftmaschinen. Berechnung und Konstruktion der Schwungräder, des Massenausgleichs und der Kraftmaschinenregler in elementarer Behandlung. Von Hofrat Professor Dr.-Ing. **Max Tolle,** Karlsruhe. Dritte, verbesserte und vermehrte Auflage. Mit 532 Textfiguren und 24 Tafeln. XII, 890 Seiten. 1921.   Gebunden RM 33.50

Der Regelvorgang bei Kraftmaschinen auf Grund von Versuchen an Exzenterreglern. Von Professor Dr.-Ing. **A. Watzinger,** Trondhjem, und Dipl.-Ing. **Leif J. Hanssen,** Trondhjem. Mit 82 Abbildungen. 92 Seiten. 1923.   RM 7.—

Die Kondensation bei Dampfkraftmaschinen einschließlich Korrosion der Kondensatorrohre, Rückkühlung des Kühlwassers, Entölung und Abwärmeverwertung. Von Oberingenieur Dr.-Ing. **K. Hoefer,** Berlin. Mit 443 Abbildungen im Text. XI, 442 Seiten. 1925. Gebunden RM 22.50

Der Einfluß der Dampftemperatur auf den Wirkungsgrad von Dampfturbinen. Von Dr.-Ing. **Arthur Zinzen.** Mit 34 Textabbildungen. IV, 67 Seiten. 1928.   RM 6.—